U8344442

紫禁城悦读

茶事未了

程子衿◎主编

故 宫 出 版 社
The Forbidden City Publishing House

引 言

　　古时，茶的名称很多，西汉司马相如的《凡将篇》中提到的"荈诧"就是茶；西汉末年，在扬雄的《方言》中，称茶为"蔎"；在《神农本草经》中，称之为"荼草"或"选"；东汉的《桐君录》中谓之"瓜芦木"；南朝刘宋时，山谦之的《吴兴记》中称为"荈"；东晋裴渊的《广州记》中称之"皋芦"；唐人陆羽在《茶经》中，也提到"其名，一曰茶，二曰槚，三曰蔎，四曰茗，五曰荈"，并进一步指出，"茶之为饮，发乎神农氏，闻于鲁周公"。前人传说，"神农尝百草，日遇七十二毒，得茶而解之"；今人竟在浙江余姚田螺山遗址出土了六千年前的古茶树，足证茶史之悠久。

　　茶，轻言之，其实不过是一片小小的树叶；深言之，这片树叶伴随着华夏文明的发源，濡染着人心，并被载之以礼、载之以道。这道，可以是美学的实践，可以是待人接物的真心，更可以是生命修行的锻炼。英国诗人说："茶是灵魂的饮品！"茶的味道里有股直沁人心的魔力，它先天吸天地山川之灵气，后天又经火之涅槃，如此而获重生，然后在水的冲泡下，渐渐舒展绽放。此时，轻啜一口茶汤，便能感知到这片叶子前世的土壤、雨露、气候与风光，引领人无限遐思冥想。

可叹的是，绝妙之茶总是出自人迹罕至之处，陆羽《茶经》明言："野者上，园者次。"野生之茶所蕴含的山水情怀非园栽茶所比。而饮茶也是一样，讲究自然野趣。朱权有云："本是林下一家生活，傲物玩世之事，岂白丁可共语哉？予法举白眼而望青天，汲清泉而烹活火，自谓与天语以扩心志之大，符水以副内练之功，得非游心于茶灶，又将有裨于修养之道矣，岂惟清哉？"

寒冬之际，饮一杯清茶，读一本茶书，于清雅中收获生命的休歇安放。

目 录

茶·道

道器相接：茶事、茶行、茶思

喝出天地

不同于西方茶之较纯粹地作为饮料，在东方，茶始终关联于道。这道，可以是美学的实践，可以是待人接物的真心，更可以是生命修行的锻炼，也所以，茶文化在日本乃以茶道名世，在韩国，则以茶礼具现，而中国，自来即有诸多生命悠游于茶艺。

就极致，"一色一香，无非中道"。道，原可在行住坐卧、语默动静中当体具现，但未至此，就有赖"以境显体"，而茶之为道，即在让人得入此境。

茶之境，有形而下的茶事，在此而行之茶行，及茶人生命的内在观照。谈茶之境，必得及于这形上形下构成之整体。而茶之能为道，也因于这整体。

说形下，茶原为自然之物种，但此物种，却与他物有别。

有别，不只因于它特殊的口感。更在其他饮品如咖啡等，虽皆有其味，但品者却只能在其味中，茶则不只如此。

茶原较诸其他饮品有更多样宽广的口感，这口感是在自然基础上经人为工序如杀青、揉捻、发酵等而成，而喝茶者更能借由此口感回溯其工序，乃至它生长的环境——包含土质、气候及有机或施肥等，这是茶与其他饮品根柢的不同处。

就因此，喝茶对真懂茶者来说，并不只在喝出滋味，更在喝出山川，即便只一方尺寸的天地，即便只壶中碗中杯中小小

清　特制茶籯
故宫博物院藏

的一泡，茶人就可借由它，让生命回到那有情的山水、丰厚的天地。

以此，在中国，自然哲思乃成为茶文化存在的基点。

这自然哲思是茶中的形上，体现的是以老庄为核心的山水情怀，它使困于人世者可借由小小的一饮找到神思的逸发风流、生命的休歇安放。

但形上还不止于自然哲思，茶也不只是一种神思逸发与生命休歇，它还可以是礼的学习与体现，可以是道的修行与印证。韩国茶礼将前者完整规范，于是茶就是一种人伦，日本茶道更直接连接于禅。

然而，要体现此形上之自然哲思、人伦价值、茶禅锻炼，则端赖行茶。

行茶是茶人对茶之道的体践，中日韩在此也各有不同的强调。

行茶，在中国常被径指为茶艺，日韩不然，茶礼、茶道并不以艺术为目的。茶礼是人我的规范，原不须如艺术般直接而主体地彰显生命情性；茶道是禅的锻炼，日本人习于以外在行为规范或锻炼内心世界，因此与茶礼一样，并不在彰显自我。由此，茶礼、茶道乃非多有样态，却总在"一"中完成行茶。只是与茶礼相较，茶道更以心的观照为本，更须入于三昧。

当然，茶礼、茶道之行茶虽不以艺术为目的，但艺术之风光则自在其中，它或持重谦冲，或沉静锻炼，也总呈现着一种生命美感。

与茶礼、茶道不同，中国茶艺的行茶多直接彰显艺术之呈现，从茶器之选择、茶席之布置、茶汤之讲究、行茶之美感乃至总体氛围的把握，在在都呈现着茶人的美学修养，而其样态也如其他艺术般，多有不同的讲究与风光。

这形下、形上以及连接的行茶，使茶文化道器相接。谈茶文化因此总得茶之事、茶之行、茶之思三者并举才可。

茶事

所谓茶事，指茶、茶器、茶席、茶空间。

谈茶事，必先及于茶种。茶之种源于自然，此自然又必及于茶树之品种、种植之土壤、施肥之方式、采收之叶貌等。但茶之为茶，人为工序才是关键。中国大的茶系有绿茶、白茶、青茶、黄茶、黑茶等之分即因于此。

工序最重要的关键在发酵的有无与深浅，由此呈现基底的茶香，再兼以杀青、揉捻、焙火等工序。中国茶的香味乃千滋百味，形成独特的口感，其多样性与层次性，使中国茶与日韩在基底就有极大的不同。

茶种之外，又须谈水。

水看似简单，却关联茶味，有好茶、好壶，水不行，一样泡不出好茶。中国茶对水尤为重视，有各种讲究，其极致乃有王安石要苏轼取瞿塘峡江中之水，而苏轼赏景忘取，以江边之水代之却被识破的故事。

与茶种、水同样重要的是茶具。茶具最主要者则是壶与杯。

壶的材质与茶味最为相干，历来喜用宜兴壶，即因它能醒茶之故，但有些茶适合陶壶，有些茶适合瓷壶、银壶、铁壶，由之都能生出不同的茶汤。

杯不似壶关键，但杯形则关联茶香。绿茶或轻发酵茶，许多人喜用盖杯泡，以其高温出汤，若浸于壶中，反易闷老。有喜杯形小者，以其聚气，杯深者，沉杯底香。台湾茶近些年特重香气，乃发展出以闻香而制的闻香杯，行茶时先将茶置于此杯，再倒入饮杯，一闻一饮，各司其能。

壶杯之外，如茶则、茶海、茶勺、杯托等，亦为茶事所必需，但于茶味则无干。

在核心的茶事、水与茶具外，茶席之置亦常及于其他茶事。

如茶桌或茶巾，由此匡出茶席之一方天地。

如席上安置的花艺乃至映现情境之物，前者常成为茶席重要之一环，后者则显主人之雅好，但皆非一定需要，尤以雅好不慎，即以紫夺朱，允为大忌。

茶事，其实不止于茶席，还应包含茶空间。茶空间与核心茶事一样重要，茶席之能否聚焦能量，能否让主客入于其中，空间往往形成关键。

茶行

茶事是茶文化之底，关联的是茶文化中功能的完备，有此茶事才好行茶。

谈行茶，其基础，是规矩与方法的掌握，而总体，则在礼、道、艺的是否深刻体现。

谈规矩方法，是指行茶时要能知水性、识茶味，泡出一壶好茶。在此，中国茶尤其讲究，因不同茶，器具、出汤各有不同，须锻炼浸淫者自多。

说总体呈现，则指从茶事诸物之选择、茶汤的到位、茶席布置到行茶时的身心状态，这些所共同构成的有机整体。这整体，在茶礼，谈的是能否合礼；在茶道，则看是否入于三昧；

清　康熙款青花洞石花卉图茶盅
故宫博物院藏

清　玛瑙葵花式带托碗
故宫博物院藏

而在茶艺，主要则须映现茶主人的美学风光。

行茶是种功夫锻炼，在此，须内外无隔，从器物到内心，茶人以此入于一如，茶客因其溶摄其中。

说功夫锻炼，指须长时间的浸淫，由此，茶席的每一寸乃能互为相关，形成有机整体。此中，茶礼、茶道特别注重有形有相功夫的锻炼，其事、其道既已规范，茶人往往长年只磨一事，由此入礼合道，而茶艺因事、道并不定于一，乃丰姿多彩，但也因此云泥有别，高下立判。

茶思

所谓高下，是指茶人所行是否合于茶文化系统所举之社会价值、美学品味、生命修行，这是茶礼、茶艺、茶道的基点，也是它的究竟，离此，茶就只是饮品，有此，茶何只是文化，它更关联于道，甚至径就是道。

这道，韩国茶礼所举乃社会价值，礼是人我关系，正乃儒家伦理的体现。

这道，日本茶道要人入于三昧，是禅锻炼的直显。

而道，在中国茶艺，体现的则是生活美学，所映是茶人的生命情性。而对中国美学影响最大者允为道家，中国茶艺乃常是道家哲思的体践。除此之外，在近代，禅也发挥了一定作用。

因于所举不同，中日韩自茶事、茶行乃至茶思都有不同之

明　白玉葵花杯
故宫博物院藏

明　金盖托白玉碗
故宫博物院藏

清　痕都斯坦玉壶
台北故宫博物院藏

讲究，而茶在此却直就承载着儒释道三家的生命观，有心人由之涉入东亚社会之理解、艺术之品味、生命之安顿，乃可有直接之领略。所谓"道在日常功用间"，于此也就能得到最佳之印证。

生命修养：人情、丘壑与安顿

茶艺之特质

茶道、茶礼、茶艺各有所重，茶道重在生命修行，茶礼重在伦理世情，茶艺则在艺术悠游——一直证安顿，一体现人情，

清　青玉莲花式带盖执壶
故宫博物院藏

另一则显情性丘壑，各有所倚，道器也由之有别。

安顿是直体大道，以得解脱，日本人修行擅以外在规矩形塑内心，茶道一丝一毫乃皆有不可逾越之规矩；人情原有亲疏尊卑，韩国茶礼在此正如它社会人伦的其他面，规矩井然。因此，论茶道、茶礼一般只谈深刻到位与否，却难直说风格情性，而其茶味亦趋于一，仅有的，主要就在茶器之选择，由此具现茶人的艺术修养。

中国茶艺不然。中国艺术原不在特意强调个性，但具现情性丘壑则为必然。中国茶亦如此，它种类众多，饮法多有变化，随之而来的茶器、茶席、空间不一而足，茶人于此乃各有天地，各具风光。但也因之，茶道、茶礼未到位者，或觉生疏、或觉呆板。中国茶艺则因艺术原有机多样，能否自圆，端赖茶人之修养，而此修养，则从器到道，皆须呼应贯通，高下乃常见云泥之别。

正如其他艺术般，修养有属基底材质工具者。在茶是茶事部分，对茶性的了解，对器物功能的掌握，看来简单，但因茶的栽培、制作牵涉多端，其间以讹传讹乃至如神道设教般的说法亦所在多有，要如实掌握，也须一番功夫。

说功夫，艺术修养最须功夫者即为手法之学习与锻炼。在茶是茶行部分，这里包含茶席之设、行茶本身，总得形成有机之整体，方能使主客皆入于茶世界。

茶席之设，含茶器之选择、摆设、花艺、茶巾之搭配乃至空间；行茶本身包含茶人或定静、或体贴的身心状态，以及泡茶出汤、分杯等等的掌握，人、茶与空间互为呼应，乃形成一完整自圆的氛围。

道、艺、礼的观照与异化

当然，谈艺术，必得谈背后的美学。为何会形成如此的茶席及行茶风格，正系于茶人的茶美学。而时下许多茶艺的未能到位乃至异化，就因在此出了问题。

茶自来就是生活艺术，这生活，在常民体现的就是人情。所以"寒夜客来茶当酒"，人情温润，讲的是以客为尊，总以最好的茶、最诚的心待客，忌讳的是过度彰显自己，以茶为斗因此最离茶之原意。

而斗，过去是斗好茶，拼茶经，还在茶人间转，现在更加了斗价格，从茶到茶事的一切，竟以豪奢为务，茶艺竟成了骄傲世人之物，离茶之真意，生活之人情，乃愈来愈远。

茶自来就是生活艺术，这生活，于文人就在抒其情性，显其丘壑。谈文人艺术，文人画是典型，倪云林说自己"仆之写竹，逸笔草草，聊写心中之气耳"，是对文人画最好的拈提。这气，是情性，是丘壑，是生命之直抒，最忌做作。而茶在此，因于当代艺术之凸显自我，乃最难得其中肯。

过去雅集文会，常见茶席，茶是总体氛围的一环，它更常以其他文化的载体角色出现，而即便主体是茶席，也强调情性的自然流露，艺术在此仍直等于生活。茶席之置、茶汤之出，固可有其高度的艺术性，但人情、意气相投仍是基点，参与者融入其中，茶客与茶人是位于"相知"的位置。

现代许多茶席则不然，有些茶人直将之当成表演艺术——有时甚至是带有一定实验性、前卫性的当代艺术来展现，其特征是将自我肆意放大，茶客角色被压缩，成为完全的接受者，极端者甚且要求茶客须配合其"演出"，到此，实已离了茶艺之原意。

以艺术或艺术家为主体，当然可以视茶为艺术创作之质素，但到此，它与茶长久沉淀的文化性则已分离，乃无有由之而契入茶之道的可能。

明　朱之蕃　行书茶寮诗轴
故宫博物院藏

清　严泓曾　斗茶图轴
故宫博物院藏

茶是生活艺术。生活，是语默动静，行住坐卧，看似平常，但行者于此观照，生命之安顿就在其中。禅门有大珠慧海之公案，在此有深刻之拈提：

> 有源律师来问："和尚修道还用功否？"
> 师曰："用功。"
> 曰："如何用功？"
> 师曰："饥来吃饭，困来即眠。"
> 曰："一切人总如是，同师用功否？"
> 师曰："不同！"
> 曰："何故不同？"
> 师曰："他吃饭时不肯吃饭，百种须索；睡时不肯睡，千般计较。所以不同也。"
> 律师杜口。

饥来吃饭困来眠，茶因以契道，禅门自来亦有"赵州茶"之称。但在此，茶之与道相接，是禅家脚下顺手拈来，是悟者风光，常人欲臻于此，还得有一番锻炼。

这锻炼正为日本茶道所标举，它直指生命的安顿。这安顿，在日本是透过历代茶人建构的规范而成，到千利休，茶道之外形基本已定，所举"和敬清寂"也成为共有之判准。

宋　无款　文会图
台北故宫博物院

　　中国茶艺不然。文人情性虽系不媚俗、不造作，但仍可能泥于文人自身之习气，要安顿，必得更进一步，有"道"的观照。

　　道，可以是老庄的自然哲思，可以是禅的"平常心是道"，可以是宗门独坐孤峰的凛然，可以是道人"体露金风"的放下，到此，茶席的一方天地即已具足一切，不须呈现，也不必凸显情性，直下就是。

坦白说，中国茶艺到此才真是生命的试炼，因原无法可循。而此日本茶道、中国茶艺在道锻炼乃至"宗风"的差异，与中日禅风的不同则可并观。

中国禅最盛在唐五代，当时禅家大开大阖，不为法拘，生杀临时，法门龙象都出入自在，但流弊所及，后世则狂禅、文字禅当道，丧身失命者比比皆是。而日本禅则受宋禅影响。宋时禅法渐归为"看话""默照"两门，日本接受后更将之定型化，气象开阔的禅家乃较少，但好处则为通过其规则化训练，仍可保有一定之禅基。

中国茶艺不直言道，但欲在此安顿，则道必在其中，而要如何映现，则为"境界现前"之事，许多侈言茶道者在此多经不起考验。其间之异化，除类似神道设教般，将茶之妙无限延伸外，亦常见将茶艺之种种径赋予极致意义，如分享茶汤，即为布施；沉静泡茶，即为禅定等，只作相上的连接与标举，反死于句下。此外，因应于日本茶道"和敬清寂"之标举，台湾茶艺在 20 世纪 80 年代末亦多有拈提，如"清敬怡真"，如"正静澹圆"等，但征诸茶席予人之感，仍多文胜于质之限。

道，虽有不同之映现，但终归一句，要"无作意"。这无作意并非无造作，无造作可能只是自己习性的流露，在此仍有人境之分、物我之隔，如多数的文人画；无作意则须人境、物

我契于一如。由于中国茶艺的千姿百态、茶人生命的不同情性，要如此乃必先征诸茶人之深刻实践。所以说，谈茶，固终须契于道，但如何不死于句下，如何不言道而道在其中，恐怕是中国茶艺最深的挑战。

对茶人而言，茶是生命修养，这修养道器相接，及于形上形下，而其中有人情、有丘壑、有安顿。韩国茶礼重世法人情，中国茶艺显情性丘壑，日本茶道举修行安顿，各有所重，但其高者，则亦得兼其他。茶礼虽重规范，契于其中，原有端正严谨之美，且显人间大道；茶道虽重在生命修行，但美感自在其中，其无我严谨，亦让茶客感受至诚；而茶艺，原人情才性兼具，极致者道亦在其中。

于是，此于人之情份、于艺之丘壑、于道之安顿应可作为茶文化、茶锻炼观照之基。现今许多茶人既缺人情，无安顿，谈丘壑又直沦为自我之扩张，那可真就"离茶远矣"！（林谷芳）

陆羽学行小考三题

从"茗为酪奴"看南北朝饮茶之风

《茶经》卷中"茶之事"第七汇列古今嗜茶、饮茶之事，后人追溯茶文化的早期起源，都留意于此。其中引《后魏录》，有这样一条：

> 琅琊王肃仕南朝，好茗饮、莼羹，及还北地，又好羊肉、酪浆。人或问之："茗何如酪？"肃曰："茗不堪与酪为奴。"

王肃出身琅琊王氏，原仕萧齐。因卷入政争，其父王奂被杀，故此化装为僧，投奔北魏。当时正是孝文帝推行汉化改革的关键时期，王肃北奔，带来了南朝优越的礼乐文化，对此后北朝文化的影响至为深巨。这场对话，其实就发生在北魏朝堂之上（下详），吃食本是小事，却反映出南北双方在文化上相互争衡的微妙心态。

历史上的北方常常是征服者，南方却礼乐粲然，在文化上自有胜场。两方对峙，南人入北，北人照例有一番奚落，在魏晋南北朝时期尤其如此。王肃的故事其实早有先例，《世说新语·言语篇》云：

> 陆机诣王武子，武子前置数斛羊酪，指以示陆曰："卿江东何以敌此？"陆云："有千里莼羹，但未下盐豉耳。"

　　这是吴亡于晋，陆机和西晋朝臣的对话。羊酪莼羹，争的是南北生活的优劣。陆机"千里莼羹"之语，含有几分自持。

　　相比之下，王肃说"茗不堪与酪为奴"，语意稍难索解。这句有三种读法，一种读为"茗不能给酪作奴"，是褒奖茗饮的意思；另一种读为"茗不堪，与酪为奴"，是说茗饮本身不堪，该给酪作奴，则是贬低之意；还有一种读法，"茗还不配给酪作奴"，贬意更重。现在已难确知陆羽本人的理解，不过"茶之事"罗列的史料都是褒扬饮茶，估计是取第一种读法。但搜检史料，似乎仍以最后一种读法为确：

　　　人品不堪与东坡作奴。（方回《瀛奎律髓》卷二〇）
　　　马君狂草，不堪与颠史作奴。（王世贞《弇州山人四部续稿》卷一六三）
　　　杨贵妃生于蜀，故好啖荔支，今蜀中不过重庆数树，其实色味俱劣，不堪与闽中作奴。（谢肇淛《五杂俎》卷一一）

　　可见元明以后的读法，用于品藻之辞，都是说某物不配给别的东西作奴仆。

　　其实关于王肃以茗为酪奴的事，《洛阳伽蓝记》有更生动的记载：

　　肃初入国，不食羊肉及酪浆等物。常饭鲫鱼羹，渴饮茗汁。京师士子见肃一饮一斗，号为漏卮。经数年已后，肃与高祖殿会，食羊肉酪粥甚多。高祖怪之，谓肃曰："卿中国之味也，羊肉何如鱼羹，茗饮何如酪浆？"肃对曰："羊者是陆产之最，鱼者乃水族之长。所好不同，并各称珍。以味言之，甚是优劣。羊比齐鲁大邦，鱼比邾莒小国。唯茗不中与酪作奴。"……彭城王谓肃曰："卿不重齐鲁大邦，而爱邾莒小国。"肃对曰："乡曲所美，不得不好。"彭城王重谓曰："卿明日顾我，为卿设邾莒之食，亦有酪奴。"因此复号茗饮为"酪奴"。时给事中刘缟慕肃之风，专习茗饮。彭城王谓缟曰："卿不慕王侯八珍，好苍头水厄。海上有逐臭之夫，里内有学颦之妇。以卿言之即是也。"其彭城王家有吴奴，以此言戏之。自是朝贵燕会，虽设茗饮，皆耻不复食。唯江表残民，远来降者好之。后萧衍子西丰侯萧正德归降，时元义欲为之设茗，先问"卿于水厄多少"。正德不晓义意，答曰："下官生于水乡，而立身以来，未遭阳侯之难。"元义与举坐之客皆笑焉。（《洛阳伽蓝记》卷三）

　　细玩王肃的答语，意思是说，羊肉和鲫鱼虽然大小不同，但味道各有所长。所谓"羊者是陆产之最，鱼者乃水族之长。所好不同，并各称珍"，对答得体，不卑不亢。但拿茗饮与酪浆相比，却有不如。所以到北方数年以后，在孝文帝朝宴之时，已经幡然改节，以示归附新朝。

王肃的卑屈有降臣的无奈，也可见饮茶之风在北魏尚不流行。但这却阻挡不了北人对南朝人饮茶风气的追慕仿效。值得注意的是，王肃饮茶，一饮一斗，号为"漏卮"，彭城王元勰也讥讽刘缟饮茶是"苍头水厄"，意思是下人喝水，泛滥成灾，可见南朝饮茶颇为豪放，与《红楼梦》里妙玉说"一杯为品，两杯是解渴的蠢货，三杯便是饮驴了"，风气非常不同。

《新唐书·陆羽传》的成立

陆羽其人《旧唐书》无传，《新唐书》入《隐逸传》。传云：

> 陆羽，字鸿渐，一名疾，字季疵，复州竟陵人。不知所生，或言有僧得诸水滨，畜之。既长，以《易》自筮，得《蹇》之《渐》，曰："鸿渐于陆，其羽可用为仪。"乃以陆为氏，名而字之。

关于陆羽的身世、名姓，史书的作者兼采了两种说法。一说姓陆，名羽，字鸿渐，得自《周易》，较早的记载今可见李肇《唐国史补》卷中：

> 竟陵僧有于水滨得婴儿者，育为弟子，稍长自筮得《蹇》之《渐》，繇曰："鸿渐于陆，其羽可用为仪。"乃令姓陆，名羽，

字鸿渐。羽有文学，多意思，耻一物不尽其妙，茶术尤著。巩县陶者多为瓷偶人，号陆鸿渐，买数十茶器，得一鸿渐。市人沽茗不利，辄灌注之羽。于江湖称竟陵子，于南越称桑苎翁……贞元末卒。

　　有趣的是，这里还提到卖茶叶的把陆羽做成瓷偶，生意不佳时往上浇灌茶水，这大概是今天茶坊里茶宠的起源吧？

　　另一说陆羽姓陆名疾，字季疵，则出自皮日休的《茶中杂咏序》（此篇不见于《皮日休诗集》，仅附见于陆龟蒙《松陵集》，因陆氏有和《茶中杂咏》之作）：

　　自周已降及于国朝茶事竟陵子陆季疵言之详矣……季疵之始为经三卷，繇是分其源，制其具，教其造，设其器，命其煮，俾饮之者除痟而去疠，虽疾医之不若也，其为利也，于人岂小哉？余始得季疵书，以为备矣，后又获其《顾渚山记》二篇，其中多茶事，后又太原温从云、武威段碣之各补茶事十数节，并存于方册，茶之事繇周至于今，竟无纤遗矣。

　　这显然是在说陆羽的《茶经》三卷，也可见陆羽的《茶经》问世以后，得到当时人的重视，已经开始为之增广补充，比如这里看到的温从云、段碣之。

陆羽雕像

陆羽泉

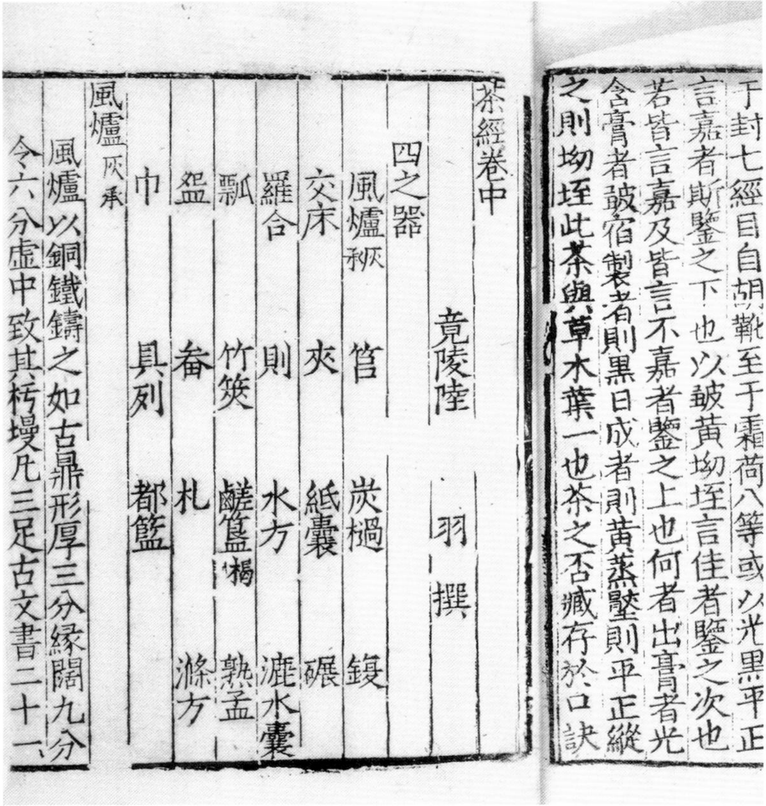

于封七經目自胡靴至于霜荷八等或以光黑平正
言嘉者斯鑒之下也以皺黃坳垤言佳者鑒之次也
若皆言嘉及皆言不嘉者鑒之上也何者出膏者光
含膏者皺宿製者則黑日成者則黃燕墜則平正縱
之則坳垤此茶與草木葉一也茶之否藏存於口訣

茶經卷中

竟陵陸　羽撰

四之器

風爐（灰承）　筥　炭檛　鍑
交床　夾　紙囊　碾
羅合　則　水方　漉水囊
瓢　竹筴　鹾簋（揭）　熟盂
盌　畚　札　滌方
巾　具列　都籃

風爐灰承
風爐以銅鐵鑄之如古鼎形厚三分緣闊九分
令六分虛中致其杇墁凡三足古文書二十一

陆羽《茶经》书影

唐　邢窑　白釉璧形足茶碗
高 4.2 厘米　口径 14.4 厘米　足径 6 厘米
台北故宫博物院藏

晚唐至五代　邢窑　白瓷茶瓶
高 20.5 厘米　口径 7 厘米　足径 7 厘米
台北故宫博物院藏

唐　长沙窑　绿釉柄壶
高 18.5 厘米　口径 4.9 厘米　足径 7.4 厘米
台北故宫博物院藏

此外《新唐书·陆羽传》还记载，他在僧人门下，师父教以释典，他却偏好儒家经书，僧人一怒之下，以贱役役使，于是逃走作了优伶等等事迹。这部分大致是依据一方碑石，欧阳修在《集古录》中留下了珍贵的记录：

唐陆文学传　咸通十五年

右陆文学传，鸿渐自撰。茶之见前史，盖自魏晋以来有之，而后世言茶者，必本陆鸿渐，盖为茶著书自其始也。至今俚俗卖茶肆中尝置一瓷偶人于灶侧，云此号陆鸿渐。鸿渐以茶自名于世久矣，考其传著书颇多，曰《君臣契》三卷，《源解》三十卷，《江表四姓谱》十卷，《南北人物志》十卷，《吴兴历官记》三卷，《潮州刺史记》一卷，《茶经》三卷，《占梦》三卷，其多如此，岂止《茶经》而已哉！然其他书皆不传。

传记的全本收录在《文苑英华》卷七九三，题作《陆文学自传》，这是采信了欧阳修的看法。但细读传文，是否为陆羽自撰，则疑点重重。首先，传文开头说"陆子名羽，字鸿渐，不知何许人也。或云字羽，名鸿渐，未知孰是"，这与前引李肇、皮日休两说皆不同，而且并列两说，"未知孰是"。若是为自己作传，又岂有连自己的名字也弄不清的道理？其次，碑文末题"上元年辛丑岁子阳秋二十有九日"，即唐肃宗上元二年（761

年），陆羽此时还很年轻，这时已有如此多的著作，有点不可思议。但无论如何，这块碑既被《新唐书》的编纂者采信，碑文又被收入北宋初年的《文苑英华》，更重要的是，《宝刻丛编》和《舆地碑目》都著录了此碑。因此，这篇文字即使不是陆羽自撰，也是唐代当地人的一种记载，较为可信。

《传》又云有常伯熊者，在陆羽《茶经》的基础上"复广著茶之功"。御史大夫李季卿到江南视察时，二人皆为之煎茶，陆羽因对方礼数不周，更著《毁茶论》。"其后尚茶成风，时回纥入朝，始驱马市茶。"饮茶之风甚至传到草原。这段记述是依据《封氏闻见记》：

> 茶早采者为茶，晚采者为茗。《本草》云："止渴，令人不眠。"南人好饮之，北人初不多饮。开元中，泰山灵岩寺有降魔师，大兴禅教，学禅务于不寐，又不夕食，皆许其饮茶。人自怀挟，到处煮饮，从此转相仿效，遂成风俗。自邹、齐、沧、棣，渐至京邑，城市多开店铺煎茶卖之，不问道俗，投钱取饮。其茶自江淮而来，舟车相继，所在山积，色额甚多。楚人陆鸿渐为茶论，说茶之功效并煎茶炙茶之法，造茶具二十四事，以都统笼贮之。远近倾慕，好事者家藏一副。有常伯熊者，又因鸿渐之论广润色之，于是茶道大行，王公朝士无不饮者。御史大夫李季卿宣慰江南，至临淮县馆，或言伯熊善茶者，李公请为之。

伯熊着黄被衫乌纱帽，手执茶器，口通茶名，区分指点，左右刮目。茶熟，李公为饮两杯而止，既到江外，又言鸿渐能茶者，李公复请为之，鸿渐身衣野服，随茶具而入，既坐，教攡如伯熊故事。李公心鄙之，茶毕命奴子取钱三十文酬煎茶博士。鸿渐游江介，通狎胜流，及此羞愧，复著《毁茶论》。伯熊饮茶过度遂患风。晚节亦不劝人多饮也。……按此，古人亦饮茶耳，但不如今人溺之甚，穷日尽夜，殆成风俗。始自中地，流于塞外。往年回鹘入朝，大驱名马，市茶而归，亦足怪焉。

唐　宫乐图（局部）　台北故宫博物院藏

　　后半与《传》文略同，无须赘言，但此文前半的记载却与唐代饮茶之风流行大有关系，故需略作申述。首先，封氏点出饮茶与禅宗修行的联系，坐禅需要静修打坐，疲劳之时仍得神智清明，所以需要饮茶提神，而且戒律规定过午不食，但饮茶则并无律条禁止；其次，陆羽著《茶经》恰在开元、天宝之际，并非偶然，封氏虽然说"开元中泰山灵岩寺有降魔师大兴禅教"，案灵岩寺降魔师无考，但饮茶之风的流行，恐怕还和当时禅宗兴起的大背景有关。众所周知，开元天宝之际是禅宗的勃兴时期，大江南北，禅家宗派蜂起，号为极盛。禅教兴，则茶道随之由南入北，风靡全国。此后赵州和尚"吃茶去"的公案广为人知，但风气之肇始，却在此时。《茶经》的结撰，乃至当时人对它的兴趣，都是对这一风气的反应。

僧家所记陆羽其人其书

　　《新唐书·陆羽传》是剪裁多种唐代笔记，杂糅而成。这一记载也成为后世僧家记述的主流。遍检大藏，最早为陆羽立传的内典史籍是南宋祖琇的《隆兴编年通论》。作者系陆羽之卒年在贞元十九年（803年），不知何据。然后附了陆羽的小传。传文基本抄录《新唐书》。元代念常《佛祖历代通载》也设陆羽传，但插入了觉林院志崇收茶为三等，最下者自奉，中品奉客，上品供佛的故事，还有王休冬日敲冰煮茶的事，分别散见《云仙杂记》、《开元天宝遗事》。

另外，北宋陈舜俞的《庐山记》还有两处提到《茶经》：

> 招隐桥，桥下有石井，曰招隐泉。在陆羽《茶经》第六品。
> 康王之水见于陆羽之《茶经》。

《庐山记》原本五卷，纪昀修《四库全书》时仅得残卷，20 世纪初罗振玉始于日本访得宋本完帙。后收入《大正藏》。此书长期不为人所重，因此其中记录庐山风物，虽多为稀见史料，却少有学者问津。

考此条所引《茶经》品第水之优劣，并非出自《茶经》本文，而是出自唐人张又新的《煎茶水记》。据张氏自叙：

> 元和九年春，予初成名，与同年生期于荐福寺。余与李德垂先至，憩西厢玄鉴室。会适有楚僧至，置囊有数编书，余偶抽一通览焉，文细密皆杂记，卷末又一题云《煮茶记》。

《煮茶记》中记录的是李季卿到江南视察时从陆羽那里口授得来的知识，书成之后，又由楚地僧人携来长安的荐福寺。其中分天下河水为二十等，"庐山康王谷水廉水第一"，"庐山招贤寺下方桥潭水第六"，与《庐山记》所载恰好相合。但这个分等应该不是陆羽所说，而是张氏伪托。据《新唐书·陆羽传》及其所据《陆文学自传》，陆羽与李季卿的见面并不愉快，还著《毁茶论》，怎么可能会耐心为他讲解天下的水品呢？这里是陈舜俞记忆偶失，还是北宋时《煎茶水记》本就附于《茶经》之后，就无从查考了。（陈志远）

唐　花岗岩石茶器
一组十二件：
茶器台、盘、风炉、
座子、茶瓶、茶釜、
单柄壶、茶碾、
茶碗二件、茶托二件
台北自然科学博物馆藏

清宫里的六安茶

　　清代，在"任土作贡"的制度下，朝廷向浙江、福建等各大产茶区征解茶叶，安徽六安州与霍山县两地的茶叶就在其中。其茶曾名霍茶、霍山黄芽、寿山茶、寿州芽、瑞草魁、天柱茶等，至明代始称六安，并沿用至今。

　　清朝六安茶是以两种形式贡入宫廷的。首先是"岁进六安芽茶"，也称"岁贡六安芽茶"。这类贡茶数额大，入贡期限有要求严格。其次是年节贡，端午节、万寿节等进呈，如道光二年（1822年），"安徽巡抚端阳贡中：松萝茶一箱、银针茶一箱、雀舌茶一箱、梅片茶一箱"（《军机处上谕档》）。这类年节贡茶在入贡时间上并无严格的规定，产茶区可以在同一产地经不同工艺加工。其中"银针茶"仅取枝顶一枪，即茶叶尚未展开的细小嫩芽；"雀舌"，是取枝顶上二叶之微展者；"梅花片"，是择最嫩的三五叶构成梅花头；"松萝茶"非正宗产地，是仿安徽休宁加工法而成，依然属上乘茗品，这些茶品皆为当地茶中之冠。年节贡茶相对岁进六安芽茶品种丰富，但入宫数量与岁贡相比微乎其微。

　　朝廷对岁进六安芽茶，在贡额上几次增减，其中波动最大的一次是乾隆元年（1736年），因王公分家供给六安芽茶的需要，竟增至七百袋，后为疏解民力而停贡两年，最后以四百袋，每袋一斤十二两入贡为常。对于岁进的茶品也明确提出"粗茶不堪内廷应用"的规定，届时地方官严把握质量关，精心于雨

宜兴窑芦雁纹茶叶罐及罐盖拓片
故宫博物院藏

前极品，即专采新芽中"一枪一旗"的叶子，经加工后以一斤十二两为单位，装入黄绢袋并予以缄封，最后封贮四大箱中，箱外需以龙纹包袱包裹，再用饰有龙旗的大杠抬之。贡茶自谷雨后起运，行程五十五天内抵京。朝廷在接收各省岁进芽茶中，对于六安芽茶有特别的安排。清初，以六安芽茶送进内库，其余各种芽茶移交珍馐署，给与外藩。至清中期，六安芽茶则直接交与光禄寺，由光禄寺转交茶库。而其他岁进芽茶则交与户部或礼部，再转交茶库。

日常饮用是宫内对六安芽茶的基本用法。在故宫旧藏一件紫砂茶叶罐中的宜兴窑芦雁纹茶叶罐的盖面上，刻楷书"六安"二字，当是内装六安茶以供皇帝素日啜饮。至于皇后以下人等，用六安茶则有定量。《国朝宫史》《内务

清　铜直把纽"总管御饭房茶房之图记"
故宫博物院藏

清宫茶库及偏房

府现行则例》、《奏销档》内记载着宫内帝后等人六安茶的份例。虽然供用的数字有些出入，但仍可反映内廷用茶的概况。以《奏销档》所记乾隆六年（1741 年）五月十七日"各处应用六安茶数目折"为例，供内廷各主位日常饮用：皇太后每月用六安茶一斤；妃每月每位用六安茶十二两；嫔每月每位用六安茶十二两；贵人每月每位用六安茶六两；常在每月每位用六安茶六两；答应每月每位用六安茶三两；果亲王、阿哥、公主每月每位用六安茶四两、二两不等；和硕淑慎公主、和硕端柔公主每月每位用六安茶十二两。与此同时，还有能得到六安茶的就是那些在宫廷相关机构中效力的人。如乾隆三十五年（1770 年）按照皇帝谕旨，专为中正殿绘制极乐世界长寿佛轴的一位画佛喇嘛，宫内供其饮食份额中就有每月用六安茶二两的记录。此外，景山学艺处也有有幸得到六安茶之人。

赏赐则是六安茶需求的另一途径，清宫将普通的饮用之茶赋予礼仪的性质。历来皇帝的赏赐表示君子对臣子抚慰，以联络君臣感情，对于受赏者则是人生中莫大的荣耀。六安茶也扮演了这样的角色。雍正时期，有两名臣子被派往云南，临行前雍正帝御赐六安茶二瓶。乾隆十七年（1752 年），学士陈廷敬、叶方蔼、侍读王士正同入内值。其间皇上数回赐樱桃、苹果及樱桃浆、乳酪茶、六安茶等物，而六安茶则以黄罗缄封，上有"六安州红印四月复"等字。皇帝的赏赐中也有对外国使臣的，乾隆五十八年（1793年），"赏英吉利国王六安茶十瓶"等。另外，宫廷对于临时特供饮食中，也会赏用六安茶。雍正八年（1730年），定文会试的三场应试举子食物为每场供鸡一百五十只、猪肉八百斤等，另外还提供六安茶二十斤、北源茶三十斤、松萝茶四十斤。六安茶作为赏赐物。

　　道场用六安茶，是岁进六安芽茶在宫内比较特别的用法。其实茶与佛教有着不解之缘，所以有"茶禅一味"之说，就这一特点在清宫也有表现。宫内每年的贡茶中有些是由寺院僧人参与制作的，他们是在地方官的监督下进行采摘、加工等。宫内用茶中也有将茶专门供于佛堂中，成为佛供的内容之一。具体到六安茶，在宫廷举办道场活动中所放"乌卜藏"香中曾涉及使用六安茶。"乌卜藏"为藏语音译，有天香、神香之意。清宫在中正殿前殿、养心殿佛堂、慈宁宫花园、大汤山等不同地点举办不同名目的活动中多有需放"乌卜藏"香的情况。具体施用简单而言是以"乌卜藏"火燃而未着中煨出香烟，以飨天上的各种神灵，祈求人间祥福，"乌卜藏"配方极为讲究。据中国第一历史档案馆藏《奏销档》记载，为进到扛香等物变价事奏片，合配乌卜藏香一分需用：

　　黄速香面三斤，青木香九斤四两，沉香、白檀香、紫降香、白芸香、柏木香、荆芥各二两，飞金二张，武夷茶、六安茶、黄茶各一钱、宝石末一钱、茵陈二钱、五样干树皮各一钱（桃、柳、桑、槐、楮）、丁香二钱、饽饽果子各半盘（七星饼、红枣、核桃）、五谷三合（红谷、白谷、麦子、糜子、黍子）、甜香、异香、福寿香各二两八钱。

　　此配方几十种原料中有三种茶，六安茶就在其中。六安茶虽不是配方中的主原料，用量也极少，但以宫内举行"乌卜藏"燃放仪式的隆重看，也能凸显出六安茶在众多岁进芽茶中特有的地位。

　　用于配"仙药茶"，这也是六安茶在宫内的特别用途。茶叶最近被人们初识就是它的药性，"神农尝百草，日遇七十二毒，得茶而解之"是对茶叶有很强药性的最好诠释。至于六安茶的药性，早已有记载。唐末宰相李德裕就曾提及他得到霍茶（即六安茶）数袋，并明确说到此茶能"消滞物"。明代，人们对六安茶有诸多的好评。《茶疏》中提到："大江以北，则称六安，茶生最多，名品亦振，河南、山陕人皆用之。"士大夫中也将六安茶视为茶中上品，称六安茶"如野士"，并且"尤养脾食"，甚至还有人提出"入药最效"的观点。赞誉声中的六安茶，也有被人贬抑的情况。一则是因为当地茶农不善炒制，常使茶叶味苦；同时也不得不承认，六安茶明显的消滞物、去油腻、去内热等方面的药性，自然夺了茶的甘香之气，以至于在有些茶家的笔下六安茶不入极品之列。《红楼梦》中的贾母在栊翠庵向妙玉要茶喝时，当妙玉将成化窑的五彩小盖盅捧与贾母，贾母道："我不喝六安茶。"妙玉笑说："知道，这是老君眉。"产于福建的老君眉，形美而富有香气，所以贾母欣然吃了半盏。贾母在内的一些人反感六安茶的原因，当是其药性惹的祸。但也正是它的良好药性引来许多人饮用不辍，并在此基础上将其化积滞等功能引入医药领域，用以辅助疗疾。

除配成方药外，单一用六安茶治愈病症的也有。在《续金陵琐事》中就记述了一则六安茶治病的故事。当朝御史陈公家中小儿，一日忽闭目，口不出声，手足俱软，急请医生，屡次治疗不见效果。一位名孟友荆的大夫看后说，公子无病，只是饮酒乳过多沉醉而引发得病。于是浓煎六安茶，给小儿饮数匙后便明显好转。御史拍掌大笑说道："得之矣，可谓良医。"其实，受到御史夸奖的这位良医，就是给患者用对了"药"——是六安茶的茶性发挥的作用。

清宫沿续前人的做法，以六安茶为药材配制成"仙药茶"。《清宫医药研究》中记述御医为宫里人看病时经常用到此药茶，如：

嘉庆二年一月十二日，刘进喜请得嫔藿香正气丸三钱，仙药茶两钱一服，两服；

嘉庆两年九月十八日，王欲清得嫔仙茶两钱、两服；

仙茶
故宫博物院藏

　　嘉庆十九年十月二十一日，罗应甲请得五阿哥参苏理肺丸一钱，仙药茶一钱条服；

　　嘉庆二十一年三月十四日，张宗濂请得五阿哥脉息浮缓，系停乳食、外受风凉之症，以该身热便溏。今用正气丸、仙药茶煎服，正气丸三钱，仙药茶五分；

　　道光四年十月初三，郝进喜请得皇后藿香正气丸三钱，仙药茶两钱，煎汤送下；

　　……

　　从上述几例用到仙药茶对应的病痛，涉及清热化湿、感寒咳嗽、小儿停乳受惊、浑身发热等症。"仙药茶"还经常用在调理方中，并配合其他丸药煎汤服用，后妃们经常会用到它。有关仙药茶的具体配方囿于材料尚未了解清楚，但六安茶应是配方之一。据记载六安茶直接或间接治愈宫内帝后等人的疾病，已成为清宫常用的药茶品。

　　据统计，内廷清茶房及各寺庙等处每月需用六安芽茶三十余袋，合计每年需用六安芽茶四百余袋不等，但每年所进六安芽茶仅有四百袋，自然呈现出供不应求的状况。为此宫内采取了相应的措施。一是皇帝提出慈宁宫佛堂、御花园佛堂、景山学戏等处所用六安茶的供给数量俱着减半，其各处办道场及药房配仙药茶等项所用六安茶，也着内务府总管等酌量减半；二是采取补缺法，由清茶房交出普洱茶等茶四百余斤替补；但后来填补空缺仍有疑难，索性执行"濡额交六安芽茶实不敷用，即以散芽茶补用可也"的新方案。

　　岁进六安茶，以其特有的茶质受到宫廷的青睐而常用不衰。但由于贡品有限，用量繁多，所以一直处于供不应求的状态。（刘宝建）

六安茶原叶

龙团与凤饼

皇帝都喝哪些茶

贡茶是中国专制时代的特有产物，也是中国社会生活之中的一种特殊现象。贡茶是由皇帝钦定的，将茶叶品质极好的、产茶地区最为优质的茶叶进贡给皇宫，成为皇室独享的御用茶品。从历史上看，虽然贡茶使产茶地区和广大茶农承受艰辛，甚至遭受苦难，但是，在客观上说，贡茶在相当程度上推动了产茶地区茶叶生产的发展，促进了茶叶的精细制作和技术改进，极大地丰富了中国的茶文化。同时，贡茶如同名牌商标一样，成为地方经济的支柱，贡茶以其优良的品种、精细的技艺、风雅的茶道和精良的茶具成为一个地区甚至一个时代的楷模。

贡茶制度的确立是专制强权的产物。根据史料记载，大约在公元前1000余年的周武王时期，贡茶制度正式确立。当时，周武王伐纣，命令巴蜀地方以特产的优质茶叶等物品纳贡。这是一种极富有政治色彩的现象，具有极为鲜明的征服性质。纳贡，就是将最好的特产缴送给征服者，这也就意味着君臣关系的正式确立。在中国古代的强权社会中，纳贡有三层含义：一是确立君臣关系，将疆域纳入统治范围；二是将地方最好的产品贡献出来，表示效忠；三是享受贡品，用来满足君主、皇室及上层阶级的物质享受和文化生活之需。随着帝国势力的不断强大，征服的疆域更加广阔，贡品也随之日益增多。这样，朝廷开始确立严格的贡赋制度。这种制度随着专制集权的加强也变得更加严密起来。最初，只是进贡土特产，也就是"随山浚

三味茶
故宫博物院藏

通山茶
故宫博物院藏

金兰茶
故宫博物院藏

安远茶
故宫博物院藏

川，任土作贡"。后来，由政府出面，发展到设官分职，进行有效的监控和管理。在中国古代，设有"九赋"、"大贡"。所谓大贡，就是祀贡、娱贡、器贡、币贡、材贡、货贡、服贡、物贡。物贡，是指地方物产。茶叶就是物贡中的一类。

中国古代贡茶制度起源于西周，距今已有三千多年的历史。据晋人《华阳国志·巴志》记载："周武王伐纣，实得巴蜀之师。"周武王伐纣成功，巴蜀助战有功，册封为诸侯。周武王确定，作为封侯国的巴蜀，每年向周王朝纳贡。贡物有土植五谷，有茶。这是中国最早有关贡茶的记载，属于中国贡茶的萌芽时期。当然，这个时期，贡茶并没有形成制度。

大约在西汉时期，贡茶制度逐步确立了下来，并且逐渐明朗化。从有关史料记载上看，饮茶

八仙茶
故宫博物院藏

春茗茶
故宫博物院藏

已经成为皇帝、后妃和贵族的生活所需。反映西汉皇帝及皇室成员用茶的作品，有《飞燕外传》，书中记载了汉成帝和他宠爱的皇后赵飞燕喝茶的情况："成帝崩后，后夕寝中惊啼。侍者呼问，方觉，乃言曰：吾梦中见帝，帝赐吾坐，命进茶。"贵族饮茶，也见于其他有关的史料和出土文物记载。王褒《僮约》之中，有"武阳买茶"、"烹茶尽具"等与饮茶相关的语句。这些文字，间接地反映了贵族阶层的买茶、烹茶、饮茶和使用茶具的情况。长沙马王堆西汉墓中，出土的一件十分重要的文物，就是汉代的"槚笥"，这是一种茶器，反映了王室生活之中，茶占据着重要的地位。

三国时期，吴国末代皇帝孙皓是一位很讲究生活品位的人。据说，他经常在宫中设宴，每宴必须有酒和茶。据史学家陈寿在《三国志·吴志》中记载：

> 孙皓每为食宴：无不竟日，坐席无能否，率以七升为限，虽不悉入口，皆浇灌取尽。耀素饮酒不过三升，初见礼异时，常为裁减，或密赐茶荈以当酒。

这些用茶，无疑属于贡品。晋代时，大臣温峤上表，称："贡茶千印，茗三百斤。"唐代是中国贡茶制度形成和发展的重要时期，唐朝的贡茶制度对后世影响很大。尤其是在繁荣鼎盛的

观音茶
故宫博物院藏

乌龙茶
故宫博物院藏

中唐时代，社会很安定，李唐皇帝倡导道教，主张儒、释、道三教并立，从皇帝到大臣，较为注重外在修养和内在修为。茶事，文人们一直视为雅事，茶性高洁，品茶成为君臣们内在修为最理想的活动。信奉三教的众人也都奉茶事为雅事，不仅爱茶，还由衷地颂茶。当时，品茶蔚然成风，朝野一片赞颂之声。文人描述当时的情境："田间之间，嗜好犹切。"

唐朝时，贡茶开始形成制度，并确立下来，历代相传，直到清代灭亡，延续了上千年。

唐代经济繁荣，名茶遍布全国。有关唐代的名茶，唐代文人、大臣的诗文集和史料记载比比皆是，起码有五十余种。史学家李肇写《唐国史补》，列出名茶有十九种，并说，唐代风俗贵茶，茶之名众。茶圣陆羽写《茶经》，书中提到当时全国四十三个州出产茶叶。唐代名茶众多，主要包括：湖州顾渚紫笋，常州阳羡茶，寿州黄芽茶，黄州黄冈茶，蕲州蕲门团黄，荆州仙人掌茶、江陵楠木茶，汉州广汉赵坡茶，峡州碧涧、明月、芳蕊、茱萸、夷陵茶，蜀州横牙茶、雀舌茶、鸟嘴茶、麦颗茶、蝉翼茶、九华英茶，雅州蒙顶石花，邛州邛州茶，剑州小江园茶，泸州纳溪泸州异体，眉州峨眉白芽茶，东川神泉小团，绵州昌明茶、兽目茶、松岭茶，湖南衡山茶，岳州邑湖含膏，婺州香雨茶、茶岭茶、婺州东白茶，睦州鸠坑茶，洪州西山白露茶，彭州仙崖石花茶，金州茶牙，福州唐茶、柏岩茶、方山露芽，陕西紫阳茶，义阳郡义阳茶，寿州六安茶、天柱茶，宣城雅山茶，歙州婺源歙州茶，越州仙茗茶、剡溪茶，袁州界桥茶，扬州江都蜀冈茶，杭州天目山茶、径山茶等。

　　宋元时期，御苑、御茶园十分兴旺，名茶遍及大江南北。宋代名茶众多，主要包括：建州建茶，武夷山岩茶，越州卧龙山茶，修仁茶，江苏苏州虎丘茶、洞庭山茶，湖州顾渚紫笋，常州阳羡茶，浙江杭州龙井茶、宝云茶，乐清白云茶，浙江绍兴日铸茶、瑞龙茶，浙江淳安鸠坑茶，嵊县五龙茶、真如茶、紫岩茶、胡山茶、鹿苑茶、大昆茶、小昆茶、细坑茶、焰坑茶、瀑布岭茶，浙江天台，分水天尊岩贡茶，富阳西庵茶，诸暨石宽岭茶，宁波灵山茶，四川蒙顶茶、雅安露芽，泸州纳溪梅岭，

陪茶
故宫博物院藏

青城沙坪茶，邛县邛州茶，峨眉白芽茶，湖北巴东真香茶，当阳仙人掌茶，陕西紫阳茶，安徽放安龙芽茶，歙州婺源歙州茶，洪州双井茶，江西清江临江玉津，宜春袁州金片，福州方山露芽，云南昆明五果茶，西双版纳普洱茶，等等。

宋徽宗赵佶懂得品茶，他在《大观茶论》中对当时贡茶的状况有着十分生动的记述：

至若茶之为物，擅瓯闽之秀气，钟山川之灵禀，祛襟涤滞，致清导和，则非庸人孺子可得而知矣，中澹间洁，韵高致静。则非遑遽之时可得而好尚矣。本朝之兴，岁修建溪之贡，尤团凤饼，名冠天下，而壑源之品，亦自此而盛。延及于今，百废俱兴，海内晏然，垂拱密勿，幸致无为。缙绅之士，韦布之流，沐浴膏泽，熏陶德化，盛以雅尚相推，从事茗饮，故近岁以来，采择之精，制作之工，品第之胜，烹点之妙，莫不盛造其极。

北宋末年，负责贡茶的大臣是臭名昭著的端明殿大学士蔡襄。他盘剥茶农，不断增加茶农的负担，导致民怨沸腾。但由于御茶园官员和工人的悉心栽培和精工制作，使得武夷山岩茶贡茶品种优、品质精，名垂千古，在相当长一段时间内一直是一枝独秀，称雄于建州，称雄于当世。不过，岩茶真正列入皇帝的御用贡品，是在元、明两朝。

　　元代学者马端临写《文献通考》，史书和文人笔记列元代名茶四十余种。奇怪的是，少数民族入主中原，产茶区变化不大，但名茶的名称却完全不同，主要包括：福建建州头金、骨金、次骨、末骨、粗骨、武夷茶，虔州泥片，潭州灵草、独行、绿芽、片金、金茗，袁州金片、绿英，歙州华英、早春、胜金、来泉，江苏阳羡茶，江南茗子，杭州龙井，江陵大石枕，饶州仙芝、福合、禄合、庆合、运合、指合、嫩蕊，岳州开胜、开卷、小开卷、大巴陵、小巴陵、生黄翎毛、光州东首、薄则、浅山，归州清口，沣州小大方、双上绿芽，荆湖雨前、雨后、草子、

茶马古道

杨梅、岳麓等。

　　元亡明兴，贡茶制度仍然沿袭元朝，有所创新。明洪武二十四年（1391年），明太祖朱元璋颁诏，命全国各产茶之地，按照规定的每岁贡额，将贡茶缴送京师。同时，朱皇帝特地颁布一道诏书，将武夷山所属的福建建宁贡茶，列为贡茶上品。当时，武夷山贡茶被视为神品，建宁贡茶，四品最有名，茶名分别为：探春、先春、次春、紫笋。朱皇帝喜爱建宁贡茶，特别下令，不许将这些贡茶碾捣为"大小龙团"，一定要按照新的制作方法，改制加工成为芽茶，及时入贡皇宫。据当时的学

浙江顾渚山吉祥寺原大唐贡茶院

清　银拍丝奶茶碗
故宫博物院藏

清　鸂鶒木雕茶盘
故宫博物院藏

者徐献忠《吴兴掌故集》记载："两浙茶产虽佳，宋祚以来未
经进御。李溥为江淮发运使，章宪垂廉时，溥因奏事，盛称浙
茶之美，云：自来进御，惟建州茶饼，浙茶未尝修贡，本司以
羡余钱买到数千斤，乞进入内。"

　　明世宗时期，皇帝二十余年不上朝，政务荒疏。因御茶园
疏于管理，一直十分兴旺发达的贡茶渐渐衰落。随着时光流逝，
御茶园茶树枯败，茶业一落千丈。嘉靖三十六年（1557 年），
朝廷正式决定，武夷山岩茶停止进贡。御茶园从元代建立，至
此停止进贡，前后历时二百五十五年。清人董天工编纂《武夷

山志》，他在《贡茶有感》中这样感叹："武夷粟粒芽，采摘献天家。火分一二候，春别次初嘉。整源难比拟，北苑敢矜夸。贡自高兴始，端明千古污。"意思是说，御茶园精制绝伦的贡茶，是地方官用来取悦天家皇帝的。

明代学者顾元庆写《茶谱》，许次纾写《茶疏》、《茶说》、《续茶经》等书。明代文人吟咏名茶的诗文很多，史料、笔记、诗文所列名茶，大约有五十余种，主要包括：湖州顾渚紫笋、绿花、紫英，邛州碧润、明月，茱萸寮茶，邛州火井、芽茶、家茶、孟冬、思安、夷甲，巴东真香，剑南蒙顶石花，蜀州麦颗茶、鸟嘴茶，渠州薄片茶，福州柏岩茶，建州先春茶、龙熔茶、石岩白茶，建南绿昌明茶，安徽六安皖西六安茶，歙县黄山茶，

清　光绪款银镀金洋錾透花茶船
故宫博物院藏

清　乾隆款匏制铜镀金里茶碗
故宫博物院藏

清　紫漆描金勾莲皮茶筒
故宫博物院藏

石台石埭茶，越州瑞龙茶，六安州小四同岘春茶，洪州白露茶、白芽茶，常州阳羡茶，婺州兴趣岩茶，袁州云脚茶，黔阳高株茶、都濡茶，宣城丫山瑞草魁，龙安骑火茶，江苏苏州虎丘茶，浙江杭州西湖龙井茶，临安浙西天目茶，长兴罗岕茶，分水贡芽茶，上虞后山茶，嵊县剡溪茶，乐溪雁荡龙湫茶，浙江余姚瀑布茶、童家岙茶，龙游安山茶。

　　有清一代，皇帝、后妃都喜爱喝茶。乾隆时期著名的御用珍品包括：湖广进砖茶，湖北巡抚进通山茶，陕甘总督进吉利茶。陕西巡抚进吉利茶、安康芽茶。漕运总督进龙井芽茶。河东河道总督进碧螺春茶瓶。江苏巡抚进阳羡芽茶、碧螺春茶。浙江巡抚进龙井芽茶、各种芽茶、城头菊。两江总督进碧螺春茶、银针茶、梅片茶、珠兰茶。闽浙总督进莲芯茶、花香茶、郑宅芽茶、片茶。福建巡抚进莲芯茶、花香茶、郑宅芽茶、片茶。云贵总督进普洱大茶、中茶、普洱小茶、普洱女茶、蕊茶、普洱芽茶、普洱茶膏。四川总督进仙茶、陪茶、菱角湾茶、观音茶、春茗茶、名山茶、青城芽茶、砖茶、锅焙茶。江西巡抚进永新砖茶、庐山茶、安远茶、介茶、储茶。湖南巡抚进安化芽茶、界亭芽茶、君山芽茶、安化砖茶。安徽巡抚进银针茶、雀舌茶、梅片茶、珠兰茶、松萝茶、涂尖茶。云南巡抚进普洱大茶、中茶、普洱小茶、普洱女茶、蕊茶、普洱嫩蕊茶、芽茶、普洱茶膏。（向斯）

谁饮贡茶

乾隆晚年的茶叶赏赐

个案的选取

关于宫廷茶叶赏赐的记载内容非常丰富，笔者选取乾隆五十四年到五十九年的时间段，也就是乾隆执政的最后六年作为研究案例，之所以选取这一时间段作为研究个案，主要基于以下三个方面的考虑：

一是，乾隆是一位酷爱饮茶的皇帝，且此时是清代国家安宁、国力最强盛的时代。这一时期宫廷所用茶叶的数量最多，品类最全，特别到乾隆晚期，这一状况达到了顶峰。乾隆朝之后，宫廷所用茶叶不论是从数量还是品类上都呈逐渐减少的趋势，无法与鼎盛的乾隆时期相比。

二是，乾隆晚年，包括赏赐茶叶在内的宫廷各项制度已经趋于完备。从档案记载中，我们可以发现这一时期的宫廷茶叶赏赐的程式已基本固定，包括赏赐的时间、地点、相关的活动、受赏赐者的品级、茶叶品类及特殊情况（如出外差）的处理等。

三是，这一时期，既有王公大臣等人的赏赐，也有对蒙古、回部等藩部王公的赏赐，也涉及对英国马嘎尔尼使团、荷兰使团等外国使节的茶叶赏赐。从比对中，我们可以从赏赐茶叶的角度窥探传统帝国与现代国家在外交等方面认识上的差距。

乾隆晚年的宫廷茶叶赏赐情况

乾隆晚年宫廷茶叶赏赐的数量是很大的，笔者根据乾隆晚年的《赏赐底簿》和相关档案记载进行了整理，共选取茶叶赏赐二十五次。

通过对此二十五次赏赐情况的分析，我们可以总结出以下几点基本情况：

关于赏赐时间。在这二十五次赏赐中出现频率最高的时间点有以下几个：正月二十二日出现五次，均为筵宴蒙古王公时进行的赏赐。四月二十八日出现四次，均赏赐宗室重臣。十二月二十三日出现四次，三次为筵宴蒙古王公及喇嘛、外国人等，一次为照例赏赐给诸皇子福晋。十二月二十九日二次，均是赏赐看戏年班回族人等。从时间上体现出这一时期宫廷茶叶赏赐的基本规制已经形成，在固定的时间赏赐固定的群体。

从时间上看，在所有二十五次赏赐中，正月份有五次，二月份四次，三月份一次，四月份四次，五月份四次，八月份一次，十二月份六次。这其中，除去五十八年八月，加赏英吉利贡使的赏赐外，我们可以发现例行的赏赐基本集中于正月、四月、五月和十二月。

关于受赏对象。我们将乾隆晚期的受赏对象分成以下几类：妃嫔、皇子公主、外藩贵族、宗室、重臣、各类宫廷服务人员和外国使臣。

在受赏赐人群中，妃嫔、皇子公主属皇帝家人，如和敬固伦公主、和孝固伦公主、八阿哥、十一阿哥、十五阿哥、十七阿哥等。外藩贵族中以蒙古王公出现的次数最多，也包括一些驻京额驸和在京的藩部贵族，如满珠巴咱尔、丹巴多尔济、哈底尔、鄂尔追特默勒额尔克巴拜、扎克塔尔、喀什霍卓、额勒哲伊图、桑集斯他拉、玛玛达理、郭什哈额附等。以满珠巴咱尔为例，其为喀喇沁部扎萨克多罗杜稜郡王端珠布色布腾之子，于乾隆四十六年（1781 年）十月娶定亲王绵恩第一女，婚后长期留京居住（中国第一历史档案馆藏：《列祖子孙直档玉牒》十八号）。再如丹巴多尔济，出身于喀喇沁左旗扎萨克贵族之家，自幼随父扎萨克郡王扎拉丰阿在京师居住，乾隆三十五年（1770 年），娶乾隆帝孙女（循郡王永璋之女）固山格格为妻，封固山额驸，此后一直居京四十余年。

从历次赏赐的记载来看，朝廷重臣的圈子在这一时期基本固定，包括睿亲王、怡亲王、庄亲王、诚郡王、和郡王、永瑢、阿桂、和珅、福康安、福长安、王杰、董诰、嵇璜、金简、伊龄阿、李绶、纪昀、松筠、彭元瑞等人，这也是乾隆晚期朝堂上的主体力量。

宫廷服务人员则包括与皇帝日常生活相关的各类人等，主要有两类：一是包括御前侍卫、乾清门侍卫、懋勤殿翰林、阿哥师傅等具有一定身份地位的阶层；二是宫廷杂役和宫廷太监，诸如安宁、常官、相德官、禄才官、秦纪立、张太平、双林、史国瑞、禄一官、禄二官、马双喜、巴拉斯、林贵、贵玉、安

清代宫廷龙井茶
故宫博物院藏

清　弘历《御制诗初集》
武英殿刻本
故宫博物院藏

玉、双贵、百顺、福贵、天喜、景玉、御膳房总管王进保、热河总管陈世奎，御茶房大首领刘芳、马朝栋，宁寿宫大首领闫进喜、孟德福、王承志，御膳房厨役郑二、沈二等人。这些人员基本囊括了宫廷内各个服务机构，是皇帝日常接触最频繁的群体，也是与皇帝日常生活最紧密的群体。

外国使臣，是指包括属国在内的各国使臣。在这一时期，除了英国马嘎尔尼使团外，还有荷兰等国的使团。同时越南、朝鲜、琉球等属国的使臣也在这一时期频繁进贡，如乾隆五十五年（1790年）四月添赏的阮光平，即是当时安南国王。

关于赏赐的茶叶品类。赏赐的茶叶基本囊括了清宫主要的茶叶品类，概括来分：龙井茶类包括龙井茶、龙井芽茶和龙井

清宫普洱茶团
故宫博物院藏

清宫树形普洱
故宫博物院藏

雨前茶；六安茶类包括六安茶、银针茶、雀舌茶、梅片茶；武夷茶类包括武夷茶、岩顶花香茶、天桂花香茶、花香茶；郑宅茶类包括郑宅芽茶、郑宅香片茶；普洱茶类包括普洱芽茶、普洱蕊茶、普洱团茶、普洱茶膏。除此之外，还有阳羡茶、贵定芽茶、莲心茶、蒙顶仙茶、观音茶和春茗茶等。从档案记载来看，这些是当时清宫主要的茶叶品类，也是宫廷日常生活中所用数量最大的茶叶品类。在此以龙井茶、普洱茶和郑宅茶为例来看。

　　首先来看龙井茶，龙井茶是赏赐宗室重臣时使用最频繁的茶叶品类，其数量也是最大的。龙井茶产自现在的杭州西湖区，主产区有龙井、梅家坞、翁家山、杨梅岭、九溪、毛家埠等十三个村。明代学者冯梦龙在《龙井寺复先朝赐田记》中有："武林之龙井有二，旧龙井在凤凰岭之西，泉石幽奇，迥绝人境，盖辩才老人退院。所辟山顶，产茶特佳。"明嘉靖《浙江通志》载："杭郡诸茶，总不及龙井之产，而雨前细牙，取其一旗一枪，方为珍品。"乾隆本人就非常喜欢喝龙井茶，"每龙井新茶贡到内侍，即烹试三清，以备尝新"，《清稗类钞》中也有"高宗饮龙井新茶"的记载。乾隆曾先后数次到龙井茶的产地，并留下了一些相关的诗作，称颂龙井雨前茶"为世所珍"。从档案记载来看，清宫赏赐龙井茶多是在每年的四月或五月间，特别是每年"照例在飞云轩"进行的对宗室重臣的茶叶赏赐，大部分用的都是龙井茶。

　　其次来看郑宅茶,郑宅茶产自福建建安。清人杨复吉在《梦阑琐笔》中记述:"建安郑宅茶,近推为闽茶绝品。"清人徐昆在《遁斋偶笔》(光绪七年铅印本)中记述:"闽中兴化府城外郑氏宅,有茶二株,香美甲天下,虽武夷岩茶不及也。所产无几,邻近有茶十八株,味亦美,合二十株。有司先时使人谨伺之,烘焙如法,藉其以数充贡。"从清代学者的记载来看,郑宅茶的产量并不大,但从档案记载的使用情况来看,郑宅茶出现的次数较为频繁,数量还是比较多的。清宫使用的郑宅茶品类主

清宫普洱茶膏
故宫博物院藏

要是郑宅芽茶和郑宅香片茶（也称郑宅片茶）。乾隆晚期，宫
廷赏赐的郑宅茶也主要是这两类。从档案中我们可以发现，郑
宅茶的赏赐对象较为固定，为蒙古王公和包括御前侍卫、乾清
门侍卫、懋勤殿翰林、阿哥师傅等具有一定身份地位的宫廷服
务人员。从赏赐时间上看，赏赐蒙古王公郑宅茶的时间基本在
年节前后，而赏赐侍卫等人则在每年的四月或五月间。

　　再来看普洱茶。普洱茶是清代云南主要的贡茶品种，产自
云南普洱地区，主要产地为六大茶山：曼撒、倚邦、革登、攸
乐、蛮瑞、莽枝（参阅赵志淳：《普洱茶源流及六大茶山考》）。
雍正七年（1729年），云贵总督鄂尔泰奏请实行改土归流政策，
在思茅设总茶店，以集中普洱地区的茶叶贸易。同年八月初六
日，云南巡抚沈廷正向朝廷进贡茶叶，其中包括：大普茶二箱，
中普茶二箱，小普茶二箱，普洱茶二箱，芽茶二箱，茶膏二箱，
雨前普茶二匣，从此开始了普洱茶进贡的历史。从档案中我们
发现，普洱贡茶从雍正朝到光绪朝其基本品种并未发生大的变
化，只是在名称上略有变动。清代宫廷大量将普洱茶作为赏赐
品使用，几乎适用于所有的赏赐对象，包括妃嫔、宗室重臣、
藩部贵族和外国使节等，特别是在赏赐外国使节时，普洱茶的
数量是最大的。据《日省录》记载，乾隆五十五年（1790年），
朝鲜王朝派遣进贺使赴北京圆明园贺寿，官员记录下了当时的
情景，其中有大量赏赐普洱的记载："由观戏殿西夹门赴宴，

班戏阁规制及班位宴仪与热河同，唯蒙古诸王，自热河径归本部，臣仁点、臣浩修各赐苹果一碟、普洱茶一壶、茶膏一匣，臣百亨赐苹果一碟、普洱茶一壶。"从乾隆五十八年清廷赏赐马嘎尔尼使团的赏物清单（《奏销档476–063：嘉庆二十一年六月二十日奏报遵查乾隆五十八年接待英吉利来京贡使情形折》）中我们可以看出，普洱茶占据了茶叶类赏赐的八成之多。该奏折附件中列有"乾隆五十八年英吉利来京贡使所呈贡物及赏物清单"，从清单中可以看出，清宫赏赐的茶叶是以普洱茶为主，兼有一些六安茶和武夷茶。

非例行赏赐。除了例行的赏赐，清廷还有大量随意性较强的赏赐，这种赏赐与其他赏赐不同之处在于，赏赐的时间、地点、茶品、受赏者均不固定，随意性较强。如乾隆五十六年（1791年）二月初二日，乾隆将二十五年（1760年）至五十六年所有库存银瓶茶四百一十一瓶，在养心殿东暖阁赏赐给妃嫔、宗室重臣和身边的服务人员。

从这次赏赐的茶叶品类来看，均是以银瓶为包装。清代贡茶中以银质容器包装的只有四川进贡的五种茶品，即仙茶、陪茶、菱角湾茶、观音茶和春茗茶。赵懿在《蒙顶茶说》中记载："名山之茶美于蒙，蒙顶之美之上清峰。茶园七柱又美之，世传甘露禅师手所植也。二千年不枯不长，其茶，叶细而长，味甘而清，色黄而碧，酌杯中香云蒙覆其上，凝结不散，以其异，谓曰仙茶。"

从材料中，我们可以得知蒙顶仙茶是在生长于蒙顶山顶的寺院之中，时代久远，品质上佳。而在仙茶之外，"围以外产者，曰陪茶，相去十数武，菱角峰下曰菱角湾茶"，说明这些茶品的产地相去不远。清代，蒙顶仙茶"每岁采贡三百三十五叶""天子郊天及祀太庙用之"，说明这类的茶叶数量有限，非常珍贵。从档案记载来看，从乾隆二十五年到五十六年，清宫在三十二年的时间里共攒下了四百一十一瓶，平均每年十三瓶，可见其珍贵。

从赏赐对象来看，赏赐妃嫔、公主和朝廷重臣的是蒙顶仙茶，共计一百五十六瓶，赏赐阿哥的观音茶一百四十三瓶，其余宫廷服务人员赏赐的是春茗茶。一方面，这表明身份等级越高，受赏的茶叶越珍贵。另一方面，说明这种随意性较强的赏赐中，宫廷的服务人员作为与皇帝日常接触最频繁的群体，受赏赐的概率也是最高的。

几点认识

通过以上论述，我们可以对乾隆晚期宫廷茶叶赏赐得出以下几点认识：

首先，赏赐频繁，数量很大。清代宫廷的茶叶赏赐是非常频繁的，在乾隆晚期表现得更为突出。以乾隆五十四年（1789年）为例来看，笔者统计的记载就有七次，而这并非全部，实际的数量更多。不仅赏赐频繁且数量很大，粗略估算一下乾隆五十四年的七次赏赐，共用各类茶叶六百三十余瓶，实际数量应该还多于此，且赏赐只是宫廷用茶的一个方面，另外包括宫廷人员日常饮用在内的用茶数量也是非常大的。

　　从档案记载来看，清宫茶叶赏赐的数量远远多于其他类的物品，其原因究竟为何？清代学者赵翼这样分析："中国随地产茶，无足异也。而西北游牧诸部，则恃以为命，其所食膻酪甚肥腻，非此无以清荣卫也。我朝尤以为抚驭之资，喀尔喀及蒙古、回部无不仰给焉。……太西洋距中国十万里，其番舶来，所需中国之物，亦为茶是急，满船载归，则其用且极于西海以外矣。"因为茶叶在蒙古、西藏等藩部及国外生活中具有重要的作用，所以清廷将其作为"抚驭之资"，成为辅助调控统治的一种手段。所以，清政府对茶叶买卖的控制非常严格，"凡伪造茶引，或作假茶与贩及私与外国人买卖者，皆按律科罪"（赵尔巽等撰：《清史稿·志》）。

　　其次，赏赐茶叶已经形成较完备的制度。作为以少数民族入主中原的王朝，清宫一直保持着原来关外的很多生活习俗，相关的用茶制度也逐渐完善，到乾隆晚期宫廷关于用茶的各项制度趋于完备。在赏赐茶叶方面，相关的等级制度也已非常完备，对不同等级的受赏者所赏赐的茶叶的品类、数量及时间等都有了非常明晰的规定。以乾隆五十四年（1789 年）为例来

小阴纹银茶瓶
故宫博物院藏

清宫菱角湾茶
故宫博物院藏

清人绘　职贡图卷　故宫博物院藏　　　　　　　　　　安南人

看，每年年节前后赏赐蒙古王公的基本都是普洱茶和武夷茶等，
且数量极为频繁。这些茶叶对解油腻、促消化都有很好的功效，
非常适合游牧民族饮用。在每年的四、五月份，赏赐妃嫔、宗室
重臣的基本都是龙井茶，因为在每年的这一时段新的龙井贡茶
会运送到宫廷，而对宫廷侍卫等高层次的宫廷服务人员则多赏
赐郑宅茶和花香茶等，从赏赐茶叶的品类看多是产自福建地区，

缅甸人

老挝人

其进贡的数量也较多。但可以看出，乾隆赏赐这些宫廷服务人员的茶叶数量还是有限的，多是几人一瓶，而非宗室重臣们多一人数瓶。此外，对于一些特殊情况的处理也体现了这一时期制度的完备，如"庄亲王、福康安、福长安、拉旺多尔济、丰伸吉伦、扎克塔尔六分因出差有福不赏"，出差不赏或另作处理。

　　清代，饮茶有"贵新贱陈"之说，特别是宫廷内主要饮用

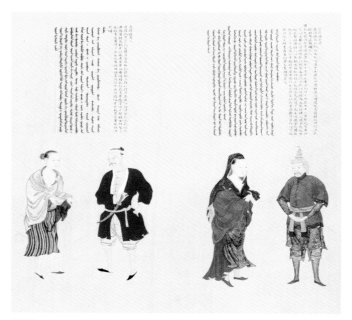

暹罗人

的都是当年的新茶，而将陈茶处理掉，处理陈茶的途径有变卖、
销毁和赏赐几种。从乾隆处理银瓶茶的例子来看，宫廷对比较
珍贵的茶叶的处理往往会采用赏赐的方式。

　　最后，从茶叶赏赐中，我们可以窥探清代对当时世界的认
知程度。乾隆时期对藩部、属国和外国的认识依旧停留在传统

英吉利国人

的中央帝国的架构中，在这个以波轮状为差序的结构里，当时
的西方国家不过是这些波轮的最外层而已。清代学者这样描述
世界："大地东西七万二千里，南北如之。中土居大地之中，瀛
海四环。其缘边滨海而居者谓之裔，海外诸国亦谓之裔。裔之
为言边也。"(《清朝文献通考·四裔考一》) 乾隆在给接待马嘎

尔尼使团的官员的谕旨中表示："该贡使航海远来，初次观光上国，非缅甸、安南等处频年入贡者可比。梁肯堂、征瑞各宜妥为照料，不可过于简略，致为外人所轻。"在乾隆的眼中，当时英国这个新兴的世界工业强国与缅甸、安南一样均是朝贡者，区别只是道路遥远"初次观光上国"而已。对英国使团的接待也如同其他属国一样，"本年英吉利国贡使等在启銮前到来，赏赐物件内外会同仿照上届款项预备……贡使等在圆明园着居住，内务府等处公所听戏毕，着进城在四译馆居住，定期回国"（中国第一历史档案馆：《奏销档476–063：嘉庆二十一年六月二十日奏报遵查乾隆五十八年接待英吉利来京贡使情形折》）。

　　清政府按照与其关系的亲疏，以官方控制的方式形成了对茶叶资源的分配，我们可以将这种以茶叶为辅助控制手段的统治结构称之"茶叶统治格局"。在赏赐这些"英国朝贡者"的时候，乾隆依旧按照对待蒙古等藩部的做法，赏赐大量的普洱茶和茶砖等去油腻强的茶叶，在乾隆的眼中，英吉利也不过是茶叶统治格局中的一环而已。而当时英国使团携带的礼物，均是代表着当时英国最先进科技的工业品和代表国家文化的产品。两相比对，折射出的是传统秩序下的礼仪结构与近代国家间外交关系之间的差异，是大清帝国在近代国际秩序中日渐被边缘化的缩影。（万秀锋）

事简茶香

从茶具看唐、清两代宫廷
茶文化的价值取向

前言

我国饮茶历史悠久，相传始于炎帝神农氏，但当时系为药饮。正式见之于文献者，为西汉宣帝神爵三年（前59年），四川王褒所著《僮约》所记："晨起洒扫，食了洗涤……烹茶尽具……武阳买茶……"契约上规定奴仆每日的工作内容为"烹茶尽具"、"武阳买茶"等，"荼"即今之"茶"。由此片文只字，无法理解汉代的茶器，但以此为烹茶饮茶用器的开端宜可成立。

广义上讲，茶具可以包括采茶、制茶、贮茶、饮茶等多种茶事活动中的用具，如唐代陆羽《茶经·四之器》中所列之"二十四器"，宋代审安老人《茶具图赞》所绘十二种，以及明人屠隆在《考槃余事》中所列之二十七种茶具等。狭义上的茶具则专指饮茶时的用具。

茶具的产生与发展是与饮茶方式密切相关的。据学者的研究，我国饮茶的演变过程可分为三个阶段：第一阶段是西汉至六朝的"粥茶法"；第二阶段是唐至元代前期的"末茶法"；第三阶段是元代后期以来的"散茶法"。在"粥茶"阶段中，煮茶和煮菜粥差不多，有时还把茶和葱、姜、枣、橘皮、茱萸、薄荷等物煮在一起。这就是唐人皮日休《茶经·序》所说的："季疵以前，称茗饮者，必浑以烹之，与夫瀹蔬而啜者无异也。"明人陆树声《茶寮记》中也提到："晋宋以降，吴人采叶煮之，曰茗粥。"因之，这时期的茶具，是借用食器和酒器。唐以后，这种原始的饮法渐为世所不取，饮茶的方法变得十分讲究，进入前文所讲的第二阶段——"末茶法"阶段。这时贵用茶笋（茶籽下种后萌发的幼芽）、茶芽（茶叶上的芽），春间采下，蒸炙捣揉，和以香料，压成茶饼。饮时，则须将茶饼碾末。但碾末以后的处理方法在唐代又有两种。一种以陆羽《茶经》所述为代表，是将茶末下在茶釜内的滚水中。另一种以苏廙《十六汤品》所述为代表，将茶末撮入茶盏，然后用装着开水的有嘴（管状流）的茶瓶向盏中注水，一面注水，一面用茶筅在盏中环回击拂，其操作过程叫"点茶"。在第二阶段的初期以后，苏廙之法比陆羽之法更为流行。

清宫茶具组合　故宫博物院藏

明　唐寅　事茗图卷　故宫博物院藏

　　到了元代后期，随着饮散茶之风兴起，茶具发生了变化，茶托和注碗逐渐隐没不见了。"散茶"是将茶芽或茶叶采下晒干或焙干后，直接在壶或碗中沏着喝，一般不羼香料，也不压饼、碾末。此法自元代后期开始流行，到明代"末茶法"就被"散茶法"取代。明洪武二十四年（1391 年）还明文规定禁止碾揉高级茶饼。如《明会典》洪武二十四年载："诏有司听茶户采进建宁茶，仍禁碾揉为大小龙团。"这样一来，连普通茶饼也随之逐渐消失。于是原先盛开水的茶瓶亦随之变为沏茶的茶壶。它虽是自茶瓶演嬗而来，但不仅用法不同，而且所加的开水也

　　有别；点茶因为要求沫饽均匀，云脚不散，以便斗试，故"三沸"以上便认为"水老不可食也"（《茶经》）。而在茶壶中沏茶，"汤不足则茶神不透，茶色不明"（明陈继儒《太平清话》），所以要用"五沸"之水，才能使"旗（初展之嫩叶）枪（针状之嫩芽）舒畅，清翠鲜明"（明田艺蘅《煮泉小品》）。

　　在中国古代茶具的演进过程里，唐代和清代这两个时期的宫廷茶具颇值得作一番比较和观照，一个是古代中国宫廷茶具的萌芽期；另一个则处在宫廷茶具发展史的末端，将这一首一尾参照比较，或许能引出一些对宫廷茶文化价值追求递变的思考。

唐代宫廷的茶文化

载籍所见，唐代以前饮茶的风气仅流行于长江以南的产茶地带，唐代以后才遍及全国。至唐玄宗开元时期，全国不分道俗，把饮茶视为日常生活的一部分。而陆羽《茶经》的问世，谓饮茶最适合"精行俭德"之人，更把茶事推向艺术层面。所以封演《封氏闻见记》载道：

> 楚人陆鸿渐为茶论，说茶之功效，并煎茶、炙茶之法，造茶具二十四事……于是茶道大行，王公朝士无不饮者。

茶具的发展也由此走上了繁荣之路，由于社会地位不同，人们对茶具的使用价值和文化价值的追求去向也不相同。民间注重经济、实用、美观的原则，以陶瓷茶具为主；宫廷则讲究豪华气派，喜欢使用金银玉石茶具，晚唐茶书《十六汤品》中就有一道"富贵汤"，明确指出：

> 以金银为汤器，惟富贵者具焉。所以策功建汤业，贫贱者有不能遂也。汤器之不可舍金银，犹琴之不可舍桐，墨之不可舍胶。

这与陆羽"精行俭德"的观点大不相同，茶具文化蜂兴之际，皇室贵胄阶层即以富贵、华丽、精致为审美标准。考古学家至今已经发现了上千件唐代贵族墓葬中的金银器，其中多为饮食器具，早期以酒器为多，晚期以茶具为多。有些金银器具如金杯、金壶、银杯、银壶等过去多定名为酒器，其实这些金银器也是可以用来饮茶的。陕西省西安市和平门外曾出土过七件唐代大中年间的银质鎏金托盘，器身錾文中自称"茶托子"和"茶拓子"，可知是真正的金银茶具。

　　1981 年 8 月 24 日，西安法门寺明代真身宝塔半壁坍塌，1987 年 4 月 3 日发现唐代地宫，考古工作者进行科学发掘。在地宫后室的坛场中心供奉着一套以金银质为主的宫廷御用系列茶具，引起全世界茶文化界的瞩目。地宫出土的咸通十五年（874 年）《物帐碑》言道：懿宗供奉"火筋一对"，僖宗供奉"笼子一枚，重十六两半。龟一枚，重二十两。盐台一付，重十二两。结条笼子一枚，重八两三分。茶槽子、碾子、茶罗、匙子一付，七事共重八十两"。"七事"何指？对照实物当为茶碾子、茶碾轴、罗身、抽斗、茶罗子盖、银则、长柄勺等。从茶罗子、茶碾子、碾轴的錾文看，这些器物制作时间是咸通九年（868 年）至咸通二十年（879 年）。鎏金飞鸿纹银则、长柄勺、茶罗子等器物上刻有"五哥"字样，僖宗是懿宗第五子，宫中昵称"五哥"，《物帐碑》也将其作为"新恩赐物"列在"僖宗供物"名下。由此可见，这些茶具是僖宗皇帝御用真品无疑，实为极重要的发现。兹将地宫珍宝中所列茶器，及与之相关的器具简述如下：

　　鎏金鸿雁流云纹银茶碾：由槽身、槽座、辖板组成。底部铭文："咸通十年文思院造银金花茶碾子一枚共重二十九两。"是将茶饼碾成粉末的工具。

　　鎏金团花银碢轴：由执手和圆饼组成，纹饰鎏金，是上述茶碾的碾轮。

鎏金鸿雁流云纹银茶碾及外底铭文
法门寺地宫出土

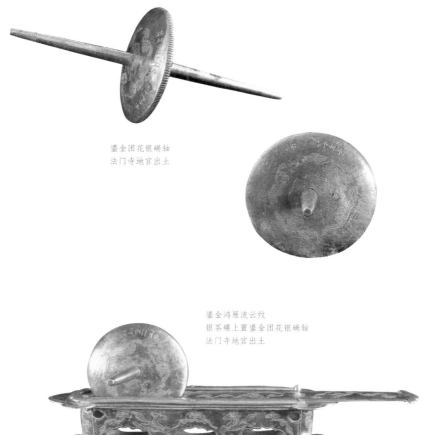

鎏金团花银碢轴
法门寺地宫出土

鎏金鸿雁流云纹
银茶碾上置鎏金团花银碢轴
法门寺地宫出土

鎏金仙人驾鹤纹壶门座银茶罗子：钣金成形，纹饰鎏金，由盖、套框、筛罗、屉和器座组成。是筛茶粉的工具。

鎏金仙人驾鹤纹壶门座银茶罗子
法门寺地宫出土

鎏金飞鸿纹银匙：匙面呈卵圆形，微凹，柄上錾花鎏金，是用来搅打镀中开水"环击汤心"的工具。

鎏金蔓草纹长柄银匙：匙之长者，可用以搅茶末。

鎏金系链银火筯：上粗下细，通体素面，上端为宝珠顶，以银丝编结的链条套链，是夹茶饼烘烤的工具。

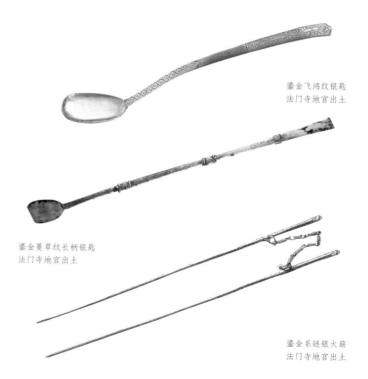

鎏金飞鸿纹银匙
法门寺地宫出土

鎏金蔓草纹长柄银匙
法门寺地宫出土

鎏金系链银火筯
法门寺地宫出土

　　鎏金人物画银坛子：盖顶为宝珠形提纽，坛身下部为双层仰莲瓣，坛身四面各錾有一幅人物画，是装茶饼的容器。

　　鎏金伎乐纹银调达子：盖作立沿，沿面饰有蔓草。座四周錾有鸳鸯、飞禽等。腹壁中部刻有三名吹乐、舞蹈的伎乐，并衬以蔓草。调达子是搅拌用的茶具，将茶末放入其内，加上适当佐料，再用沸水在调达子内将茶等调成糊状，再加沸水调成茶汤以供人饮用。

鎏金人物画银坛子
法门寺地宫出土

鎏金伎乐纹银调达子
法门寺地宫出土

鎏金人物画银坛子（局部）

鎏金伎乐纹银调达子（局部）

鎏金银龟盒：钣金成形，纹饰鎏金，整器作龟形，四足着地，以背甲作盖，是装茶粉的容器。

鎏金摩羯纹银盐台：盛盐的器具。由盖、台盘、三足架组成，盖上有莲蕾捉手，中空有铰链可以开合。

鎏金银龟盒
法门寺地宫出土

鎏金摩羯纹银盐台
法门寺地宫出土

盘丝座葵口素面小银盐台：也是盛盐的小器具。

金银丝结条笼子：器身为椭圆形，以银丝编织而成，上有金丝编成的提梁。为装茶饼的容器。

盘丝座葵口素面小银盐台
法门寺地宫出土

金银丝结条笼子
法门寺地宫出土

　　鎏金镂孔飞鸿毬路纹银笼子：器身为模冲成形，通体为镂空的毬路纹，呈圆柱形，四足，盖心有圆环纽用银链与提梁相连。是装茶饼的容器。

　　鎏金壶门座银波罗子：或作装贮茶食之用。

鎏金镂孔飞鸿毬路纹银笼子
法门寺地宫出土

鎏金壶门座银波罗子（叠置）
法门寺地宫出土

鎏金壶门座银波罗子（分置）
法门寺地宫出土

与金银茶具一起出土的还有极为精美的琉璃器和秘色瓷器，都是饮茶的器具。如：

淡黄色琉璃茶托盏通体呈淡黄色，光亮透明，茶盏侈口，腹壁斜收，茶托口径大于茶盏，呈盘状，高圈足，是装茶汤饮用的器具。

越窑秘色瓷茶碗共出土十几件青瓷碗，其中以五瓣葵口圈足碗最有特色。该茶碗通体施均匀凝润的青釉，是点茶用的容器。

淡黄色琉璃茶托盏
法门寺地宫出土

越窑秘色瓷茶碗　法门寺地宫出土

　　法门寺地宫出土的这套茶具，让我们亲见唐代皇宫煮茶的整套器具，了解其煮茶的整个程序。另一方面，它亦显示了皇权至尊的气派，揭示了唐代宫廷茶文化的历史面貌及其价值追求。

清代宫廷的茶文化

　　清代继承明代以芽茶、叶茶冲泡的品饮方式，饮茶习尚大致相同。尽管清代茶类有了很大的发展，除绿茶外，又出现了红茶、乌龙茶、白茶、黑茶和黄茶，形成了六大茶类。故宫博物院就藏有一些清宫保存下来的各地名茶，例如龙井茶、菱角湾茶、花卷茶、普洱茶、永字茶砖、邛州茶砖、茶膏。但显然，这些茶叶的形状属条形散茶，无论哪种茶类，饮用仍然沿用明代的直接冲泡法。故此，与之相适的清代的茶具无论是种类与形式，基本上没有突破明人的规范。只不过清盛世三代——康熙、雍正、乾隆，国势强盛，财力丰富，景德镇官窑瓷器生产繁荣，有较多品种及装饰技法的产生，清盛世三代茶器的造型、各类色釉、绘画技法，以及胎釉的精致，都达历史高峰。下面就康、雍、乾三代较具代表性的茶具作一简述。

康熙初年，西洋传教士带来"画珐琅及珐琅物品"，引起康熙帝的极大兴趣，命造办处仿欧洲花纹作珐琅装饰。试于金、银、玻璃、锡及紫砂胎上画珐琅，因此创制了宜兴胎珐琅彩。康熙朝的御用茶器中，就有不少宜兴紫砂胎珐琅彩茶壶、茶盅、茶碗。其器胎于宜兴制坯烧制精选后，再送至清宫造办处由宫廷画师加上珐琅彩绘，二次低温烘烧而成。紫砂胎的茶壶、茶碗不仅表面的彩绘高雅艳丽，而且胎质能耐急冷急热，加之具有良好的透气性，使茶叶的色、香、味俱佳，是金、银、铜、玉、玻璃质的茶具所不能比拟的，因而备受康熙皇帝的喜爱。

雍正皇帝喜好茗饮，他崇尚紫砂固有的古雅质感，讲究材料的配制，譬如雍正朝的芦雁纹紫砂茶叶罐，其造型流畅柔和，通体朱砂红色，砂泥极细润。罐腹部以本色泥浆堆绘一周芦苇雁纹，笔触圆熟洗练。此小罐盖上刻楷书"六安"二字，另有三件形制相同的盖罐，盖上分别刻有"雨前"、"莲芯"、"珠兰"二字，所刻都是江南进呈的贡茶的名称，这些小罐均为宜兴地方为宫廷贡茶配制的贮藏罐。现藏故宫博物院的雍正朝柿蒂纹紫砂壶，紫砂质地，浅赭色调砂泥，布满白砂点，其造型阔口，

永字茶砖
故宫博物院藏

茶膏 故宫博物院藏

邛州茶砖 故宫博物院藏

圆肩，扁腹，短直流，粗环柄。壶盖突出浮雕柿蒂纹，有一定厚度，使光洁素雅的壶体增添了圆雕的神韵。雍正朝的紫砂壶素面为多，泥色细腻光润，古朴大气中显出紫砂肌理的自然美。

乾隆帝嗜茶如命更增加了他对紫砂器的喜好。乾隆朝开始向宜兴定烧茶具并钤刻御制诗。此时宫廷造办处负责设计呈览皇上的紫砂茗壶图样，经批准后到宜兴依样定制，专门制作供

清康熙　宜兴胎画珐琅五彩四季花卉方壶
台北故宫博物院藏

清康熙　宜兴胎画珐琅花卉茶碗
台北故宫博物院藏

清雍正　柿蒂纹紫砂壶
故宫博物院藏

清康熙　宜兴胎画珐琅花卉盖盅
台北故宫博物院藏

清　乾隆款粉彩开光人物图茶壶
故宫博物院藏

供皇上饮茶的御用茶具。例如乾隆款宜兴烹茶图诗句壶，器为
紫红色砂泥，泥质精纯，肌理润泽。壶腹上一面有开光堆绘乾
隆御题诗《雨中烹茶泛卧游书室有作》：

> 溪烟山雨相空濛，生衣独坐杨柳风。
> 竹炉茗椀泛清濑，米家书画将无同。
> 松风泻处生鱼眼，中泠三峡何须辨。
> 清香仙露沁诗脾，座间不觉芳堤转。

　　清代帝王对茶具的喜好与宫廷盛行饮茶密不可分。内务府设有御茶房，原址在乾清宫东庑，而且大茶房也不止一处，除锡庆门的御膳茶房外，还有寿康宫皇太后茶房、东六宫皇后茶房等。康熙至道光朝宫中都举办过不同规模的茶宴。由于茶事的频繁，紫砂茶具备受宫廷欢迎。乾隆皇帝一生六次南巡，每一次旅途上都照宫内的规格用茶。为了携带方便，他特意命人制作了便于旅途使用的全套茶具，并专门设计了用于装置全套茶具的茶籯，可放置茶壶、茶碗、茶叶罐、茶炉、水具的提盒。茶籯本身也是一件极富创意的工艺品，故宫博物院内现存有几

清　紫檀竹编分格式茶籯
故宫博物院藏

套茶籯，主要有紫檀木与竹木混制和纯用紫檀木制作两种。

简而言之，清代宫廷茶器，与时代的盛衰、统治者的品味，以及江南文人、知识阶层的流行皆有关联。

结语

　　以上从茶具的角度出发，就唐、清两代宫廷茶文化作了简介，虽然是浮光掠影般的回顾，亦不难从中看到一些可供我们思考传统茶文化价值取向的素材。

　　首先，唐代茶文化之兴，与佛教的关系本极密切。《封氏闻见记》提到："茶早采者为茶，晚采者为茗，《本草》云，止渴、

清　桦木手提茶具格　故宫博物院藏

唐　邢窑　白釉执壶
台北故宫博物院藏

令人不眠，南人好饮之，北人初不多饮。开元中，太山灵岩寺
有降魔师，大兴禅教，学禅务于不寐，又不夕食，皆恃其饮茶，
人自怀挟到处煮饮，从此转相仿效，遂成风俗。"可见北方饮
茶习惯，最初是由禅院兴起的。学禅务于不眠，茶有提神的作用，
因此广为流传。当时首都长安的各大寺院，自然亦把饮茶视为
学禅时的重要课业之一。长安西明寺出土了大量邢窑白釉茶碗、
执壶以及带铭的"西明寺石茶碾"，或可略知当时寺院的饮茶
盛况，而西明寺亦在饮茶文化东传日本时，扮演着重要的桥梁
角色。陆羽自幼生长于寺院，所记录的或也是与禅院所提倡的

禅理与仪范兼具的茶文化较为接近。

　　法门寺地宫出土精美绝伦的金银茶器，亦显示出其与佛教不可割裂的关系。法门寺是唐代长安密宗的三大道场之一，也是唐密宗派传承的主脉。由于法门寺供养了当时佛教界至高无上的佛祖真身舍利圣物，唐代的重要官方宗教活动都是在这里开始运行的。唐代两百多年间，先后有高宗、武后、中宗、肃宗、德宗、宪宗、懿宗和僖宗八位皇帝六迎二送供养佛指舍利。每次迎送声势浩大，朝野轰动，皇帝顶礼膜拜，等级之高，绝无仅有。密宗的坛场讲究要布置得非常精致庄严，道具的打造材料非金即银。从这个角度来看，也就不难理解法门寺地宫的茶具何以制作得如此珍贵无比。易言之，唐代宫廷茶文化兴起之际，其精神价值之取向，在于表达宗教上之虔诚，而非茶之本质。

　　与此相反，宫廷茶文化发展到清代，呈现一种返璞归真的

唐　邢窑　白釉茶碗　台北故宫博物院藏

清　白地红花卉
开光荷花纹茶壶
故宫博物院藏

趋向，茶具由唐宋时代的崇金贵银，转为崇尚陶瓷之质。虽然
这些陶质瓷器造价同样高昂，但其所展现之意趣，不啻与唐代
判若云泥。康熙、雍正、乾隆三代皇帝，对于茶具的制作固然
费尽心思，但在他们个性化的匠心独运中，我们看到的却非关
宗教，而是更为直截落实于茶叶本身——使用紫砂胎质，能耐
急冷急热，加之有良好的透气性，使茶叶的色、香、味俱佳。
乾隆皇帝另有一件白地红花卉开光荷花纹茶壶，该壶的一面题
有乾隆御诗一首：

荷叶擎将沆瀣稠，天然清韵称茶瓯。

胜泉且免持符调，似雪无劳拥帚收。

清　"事简茶香"印文
故宫博物院藏

气辨浮沉原有自，火详文武恰相投。
灶边若供陆鸿渐，欲问曾经一品不？

　　敢于把自己烹煮的茶，请茶圣陆羽品评，且信陆羽也未必有过品味的福气，可见乾隆皇帝对自己烹茶的信心。他与陆羽斗茶，比的不是茶具材质之奢华，而是从水质、火候等方面下功夫，这才是真正回归到茶之本质中来。清宫中有一方"事简茶香"的印章，似可为唐宋至明清以来，宫廷茶具演进的价值倾向下一个脚注。（林馫文）

日本藏黑釉曜变建盏

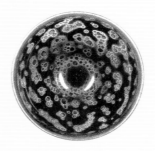

　　黑釉建盏大抵兴起于北宋初期，繁荣于北宋晚期与南宋早、中期。14 世纪初叶，黑釉技术传入日本，得到日本茶界的热捧，并持续仿制直至 17 世纪。明人谢肇淛《五杂组》中有关于"曜变"的记载："传闻初开窑时必用童男女各一人，活取其血祭之，故精气所结，疑为怪耳。近来不用人故无复曜变。"明人沈德符《敝帚轩余谈》中亦见类似记载："景德镇所造，常有窑变云。不依造式，忽为变成，或现鱼形，或浮果影。传闻初开窑时，必用男女各一人，活取其血祭之，故精气所结，凝为怪耳。近来禁用人祭，故无复窑变。"在文中，谢、沈二人都提及"曜变"，沈文将"曜变"写作"窑变"。而日本 14 至 16 世纪的《禅林小歌》、《能阿弥相传集》与《君台观左右帐记》等文献中，也都提到过"曜变"。如《君台观左右帐记》中所载："曜变属建盏中之最上品，世上独有，黑地上施有浓淡的琉璃斑点，又见黄色、白色等各种颜色浓淡交融，光彩如锦，数以万计。"叶喆民在《中国陶瓷史》中指出："曜变"本是指一般烧瓷时出现的窑变现象，而日本人将其作为建窑最名贵的一个品种专称。日本著名的古陶瓷学家小山富士夫于《天目》一书中指出："曜变"，是在挂有浓厚黑釉的建盏里面，浮现出大小不同的结晶，而其周围带有日晕状的光彩。"曜变"一作"耀变"，是因为它含有光辉照耀之意，一经光线照耀，则五彩缤纷，灿烂相映，似有眩目之晕彩变幻，如彩虹一般瑰丽无比。

　　完整的黑釉曜变建盏在我国传世或出土物中较少见到，但近年在新的考古发掘中，发现了若干"曜变"的瓷片，而且有的仍比较完整。虽然这些残片都是已变形的残次品或者是未熟烧的半成品，但它们都能随着光线的转动而反射出彩虹般的光芒，非常美观，并且对于研究各类"曜变"在烧成过程中的形成，具有重要参考价值。

　　"曜变"的烧成温度高，达到一千三百三十度，而且范围非常窄，只在十度至二十度之间变化，这对火候和窑炉的要求甚高。黑釉曜变建盏是在依山而建的龙窑中烧成。龙窑产量大，升温快，能烧高温，易维持还原气氛。烧窑时由于火焰温度，物品放置的位置不同，往往会出现一些窑变效果。窑工经验丰富，器物摆放位置及火候控制较好，使得建窑成功烧制出大量精美绝伦的窑变器。建窑至南宋发展成为分室龙窑（阶级窑的前身），能够更有效地提高火焰温度，易于调节、保持火候。当地使用的燃料以松材居多，火焰长，适于还原焰。还原焰使建盏的底釉呈现雅致的青黑色，不同于氧化焰烧成的棕黑色。烧窑时漏斗型匣钵的使用则有效地防止粘黏、落灰等影响，使产品质量得以保障。

　　"曜变"釉属于铁系结晶釉，其釉的着色剂因三氧化二铁和二氧化钛的含量较高，并含有五氧化二磷，具有液相分离现象，烧成后具有浑厚凝重、黑里泛青的特殊风格。黑釉曜变建盏的釉药酸性较高，黏性较强，铁含量比例较大。它的釉与油滴、兔毫等相同，只是烧成条件有别。在烧成油滴的过程中，如果高温缓慢冷却的结晶形成阶段后期，烧成温度突然升高后又迅速冷却，使形成油滴釉中的铁结晶稍微进行微量熔解，立即又受到快速冷却的影响，致使在铁的结晶体周围形成薄膜，遂形成"曜变"。显然，这种操作难度极高，在烧制几十万只碗中，才能找出极少数这种"曜变盏"。

目前此类黑釉曜变建盏在日本藏有四件，分别藏于东京静嘉堂文库、京都大德寺龙光院、大阪藤田美术馆和镰仓大佛次郎先生私人收藏馆，被尊为日本的"国宝"，前三者合称"曜变三绝"。根据对这四件黑釉曜变建盏进行比照，可以发现：前三盏之造型、胎质及制作工艺基本相同。盏高 6.6—7.2 厘米，口径 12—12.3 厘米，足径 3.7—3.8 厘米。造型为束口、深弧壁、瘦底，浅圈足，大口小足，足部露胎，胎呈铁黑色，胎质较粗，圈足底面非完全平切，而略呈内高外低的坡状，摆在平面上可见微小缝隙。日本藤田美术馆藏曜变建盏，口沿扣银。大佛次郎氏藏盏不同于前三件之平切足根，而作斜削并修刀处理，其余方面形制与前三件基本无异。

其胎釉特征分别如下：

东京静嘉堂文库藏盏

在四只盏中最光辉夺目，内外黑釉，釉层较厚，外壁施釉不及底。因高温烧造时，釉层熔融垂流，致使外壁近足处垂积的釉呈滴珠状。足部露胎，胎呈铁黑色，胎质较粗。内底堆积釉层较厚。外壁一滴珠在被敲掉时伤及胎体，留下一黄豆粒大小疤痕。外壁及内底交接处有一周曜变斑。内壁满布曜变斑点，或聚或散，分布不均。聚者或呈梅花形，或呈蚕形，或呈"T"字形；散者呈油滴状。斑点不闪光。该茶盏最神奇之处是在光线照射下能发出七彩光芒，且随着视线的改变色彩变幻莫测。

据1660年《玩货名物记》载，该盏先后传入德川将军家（柳营御物）和淀藩主稻叶家。大正七年（1918年），为小野哲郎收藏，同年售出。昭和九年（1924年），传入三菱社长岩崎家（主要家族成员有岩崎弥太郎、岩崎弥之助、岩崎小弥太）。1934年，静嘉堂文库美术馆从岩崎小弥太手中购得，1966年6月被指定为国宝。

京都大德寺龙光院藏盏

碗内外皆施黑釉，内表面有很多散射斑，斑点呈卵形，直径一毫米至六毫米不等，色形浅黄而无光泽，每一个斑点有很多结晶组成。斑点周围的釉显示深蓝色辉光。碗外壁亦可见微弱的蓝色辉光，但没有斑点，被称为"大名物"。曜变效果逊

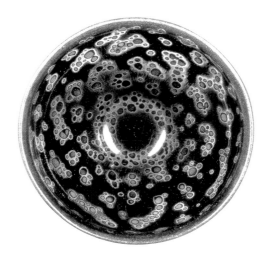

曜变建盏
日本静嘉堂文库美术馆藏

曜变建盏
日本龙光院藏

于静嘉堂茶盏。

该盏在明万历间已存于日本。原归京都大德寺龙光院的创建者江月宗玩所有，后传至龙光院。1606 年以后即为京都大德寺龙光院之镇院之宝。1951 年 6 月被指定为国宝。

大阪藤田美术馆藏盏

与京都大德寺龙光院盏具有相同的斑点和蓝色辉光，但斑点分布稍有不同。碗内外壁均着斑点，外壁斑点很少且模糊，内壁密布油滴状曜变斑。

曜变建盏
日本藤田美术馆藏

该盏传自江户时代（1603—1868 年）水户德川家，大正七年（1918 年）为藤田平太郎购得。其流传经历依次是：德川家康、德川赖房（德川家康第十一子，家康死后，家中许多茶道用具由其继承）、藤田平太郎、藤田美术馆（藤田美术馆是在实业家藤田香雪以及藤田平太郎、德次郎所收藏古董基础上设立的，位于大阪市都岛区，1954 年开馆）。1953 年被指定为国宝。

镰仓大佛次郎先生私人收藏馆藏盏

属黑釉曜变建盏的变种，施黑釉肥厚，外底足露铁褐色胎。内为亚曜变斑纹，外似油滴结晶，且带有紫红色窑变光晕。但不像前三只碗那么集群，比较分散。初看似油滴，但斑点颜色随入射光方向而改变颜色。因此既有别于真正的黑釉曜变建盏，又区别于黑釉油滴盏。

该盏由松平肥前守（前田利常）传至前田家，后为大佛次郎收藏，于 1953 年被日本政府认定为重要文化财产。

此四盏几乎具有相同尺寸，且从器形和釉色来判断，毫无疑问产自建窑。前三只曜变盏的斑点较之第四只之所以不闪光，是因为其斑点厚于第四只盏。黑釉油滴盏区别于曜变，它只有斑点而无蓝色辉光，且斑点从不同角度观察不改变颜色。

根据上述四盏的情况，我们总结出釉曜特征如下：第一，

曜变建盏
大佛次郎氏所藏

盏内外均施黑釉。第二，盏内釉面上有直径大小不等的圆形和椭圆形斑点，外釉时而亦有。有些斑点的中部带有土黄色核心。第三，斑点之间，特别是其周围有薄的干涉膜，同时有些地方从口沿至盏底方向出现流畅的兔毫纹。由于薄膜干涉的物理光学现象动态地从不同角度观察时，毫纹可以产生出整个可见光谱所含有的异常艳丽的彩色变异。日本科学院山崎院士曾仔细研究过已故大佛次郎所藏建盏，其斑点的色彩变异为其上极薄的透明干涉膜所致。第四，阳光照射下，由于内反射，釉层会放出宝光或佛光。例如见有黛绿色光，转动中不时出现小珠状包裹体（静嘉堂曜变）；见有蓝紫色光，旋动中时强时弱的闪动（龙光院曜变）；亦见有暗棕色光，转动中偶然可见釉内有个别闪烁的金星结晶（藤田美术馆曜变）。

黑釉曜变独特艺术风格的形成与当时社会的审美理念紧密相连，在宋代客观唯心主义理学体系思想支配下，世人的美学观点也相应产生变化，崇尚自然则是当时审美的最高目标，是为摒弃矫揉造作，装饰雕琢，回归宇宙本体的和谐与天然，追求一种质朴无华的情趣韵味，并把这一切提高到透彻了悟的哲理高度。此种盏简素、质朴，无人为修饰，造型浑厚古朴，线条明朗简洁，口沿薄，而腹底部及底足敦厚，底足较小，圈足露出富含铁质的泥胎本色，与润泽厚重的釉色形成质感的鲜明对比。（宋文卿）

从一口茶品山川风光
与大自然精神

一片茶叶的奥秘

茶叶有个奥妙，就是"吸收"，任何有气味的东西和它放在一起，这些气味都容易被茶叶吸收进去。所以老早就有人发明香片，将花和茶放在一起，花香就会被茶叶吸收进去而贮存起来，所以春夏季节的花香还能在秋冬时节从茶汤中释放出来。也有人用质量较差的茶叶做除臭剂，把它放在有怪味的地方，如新做好油漆过的橱柜，就可将橱柜中不愉快的气味除去。

从这里，我们可以领略，生长在山岗上的茶树，是如何将周边的气息，乃至山川的气息，吸收到它的叶子里去。这或许就是茶的独特魅力的一个重要来源。

虽然茶叶贮存了大自然的奥秘，但要将大自然的奥秘以及它的美感潜力，从一片茶叶中再度完美地催放与升华出来，并不是一件简单的事。中国人摸索了几千年，最初两千年都停留在制作不发酵的草茶或绿茶，虽然在唐宋时已发展出十分精致的制茶技巧，成就了历史上许多著名的富有意境而迷人的名茶，但始终未达到制茶艺术的高峰。直到最近七八百年来，居住在中国东南部以福建为主的天才茶农们才发现了茶叶发酵的奥秘，发展了催化与控制茶叶发酵的高度技巧，制作出轻发酵和中发酵乌龙茶，使茶叶不只是释放出大自然的风光气韵，更诱发出一片叶子中所蕴涵的大自然潜力。

清　粉地五彩瓜蝶绵绵碗平面图样　故宫博物院藏

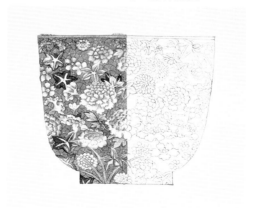

清　藕色地锦上添花茶缸图样　故宫博物院藏

靠着发酵的催化，一片茶叶在离开茶树时虽然还是幼年的叶子，却能转化成熟而放出丰美的花香；从少女般清雅的幽兰到风韵成熟的浓郁的桂花香气……都有可能变化出来。随着发酵的增长，一种成熟果子的香气也可能转化出来。这种由叶子内部转化出来的香气与滋味，远较靠熏花而得到香气的茶叶来得更奥妙、富变化而有活泼的生命力。这对于现代仅熟悉全发酵红茶的西方人还是相当陌生的事。但在十七八世纪时，首度由欧洲人携带至西欧，让西欧王室、贵族与文士"惊艳"的茶，就是产制于福建北部山中的半发酵"武夷茶"。西方人曾一度称茶为"武夷"（Bohea 系福建音）。

茶的起源与中国茶文化的兴起

台湾的饮茶习俗，是近四百多年来，跟随着汉族移民从福建与潮汕地区（广东东北部）带来的。而植茶与制茶业也发展了近两百年。这个重要的风习，是发源自中国内陆中部偏西南的四川地区，可能已有三四千年历史，最初是把茶当药用。两千多年前，秦始皇统一中国后，茶叶才开始流传到长江中、下游流域。约一千二三百年前，唐朝时候，饮茶习俗已从中国南方传布到北方，这时一位出身卑下的特殊文人陆羽，在中国内陆四处考察，总结了千余年来中国人植茶、制茶、烹茶与品茶的艺术，写出了全世界第一本茶书《茶经》，其中有一部分内容，至今仍具有相当的启发性与典范性。

此后千余年间，茶便迅速地推展至居住于东亚大陆的整个汉民族及其周边民族的生活及文化中，成为他们生活中不可缺少的，具有医药、感官享受、艺术乃至宗教特性的饮料。

此后，在东亚这片人口稠密的广阔土地上，一个高潮接着一个高潮地开展出多彩多姿、内容丰富的品茶艺术与品水文化，除了植茶与制茶技艺以外，它发展了烹茶、品茶与品水艺术。现在我们除了可以看到百种以上历代茶书外，还有丰富的茶诗、茶画、木刻，及大量从墓穴中发掘出来的古人陪葬的茶器，它们的范围涵盖了陶器、瓷器、竹器、木器、漆器、金银器及铜、铁、锡等器物。

尤其是近来从大量古墓中出土的各式茶碗、水注……已涵盖了汉唐以后中国历代所有著名的窑系，呈现了从唐至宋之间各项陶瓷艺术的高潮。这些茶碗、注子，无论在造型或釉色上，都恍若来自天上，注视与欣赏它们，能使人感受到精神的超越与无限的美感。

近四五百年来，主要为冲泡品赏乌龙茶而发展出来的宜兴紫砂茶壶，造型上极富变化与创意，使茶器制作在明清之际达到另一个高潮，它也首度史无前例地让陶瓷工艺家可以骄傲地在壶底刻下他们的姓名。

我们也发现，茶文化的发展，曾相当程度地影响了音乐、庭园、建筑、服装等相关艺术。它并与中国传统儒、道、佛哲理互相作用融合，深入到道德、礼仪、修养、宗教与世界观的范畴。

从"茶道"看"道"在中国与日本文化中的差异

西方人常认为汉民族是一个儒教的民族，其实儒在中国的影响，主要是在道德、伦理及社会、政治制度方面；如果落在广大的艺术、文学、科学、医学、农业、工艺、庭园与自然观、宇宙观方面，中国人实在是道家的儿女。

对汉民族来说，"道"是一个十分真实的存在，它是一切生命、创造力与形式的来源，但它又是如此的不可捉摸。在一切之中，"道"活动着，却无法给予定义，如老子说："道可道，非常道。"既然不可给予定义，当然更不可能在任何方面为道去规范一种形式及规则。这里正是汉民族与日本民族在民族性与文化方式上的一大分野。

日本的茶道，是在 13 世纪时，由到中国南方禅宗寺庙习禅的和尚，将寺庙中已行之几百年的茶法和茶仪，连同茶叶、茶种子及茶器等，一同携回日本继续发展，终于在 16 世纪时，于日本茶圣千利休的手中，达到一个高潮与定型。其实在茶道流传到日本去之前，中国的儒家思想、礼仪及佛教，早已传到日本，对日本古典文化产生巨大的影响，包括了文字的

雀舌森成行猶慮久陰泥靈味復命向

火愼周防從此汲澗敷奇香茗葉之名

走避荒鳴呼茗葉之名走避荒不若腐

同草莽不出疆

火子春半多陰雨二月六日于夜寒風颯然偶閒

舊作書之手閒燈暗愧不能工也

雲閒沈铨

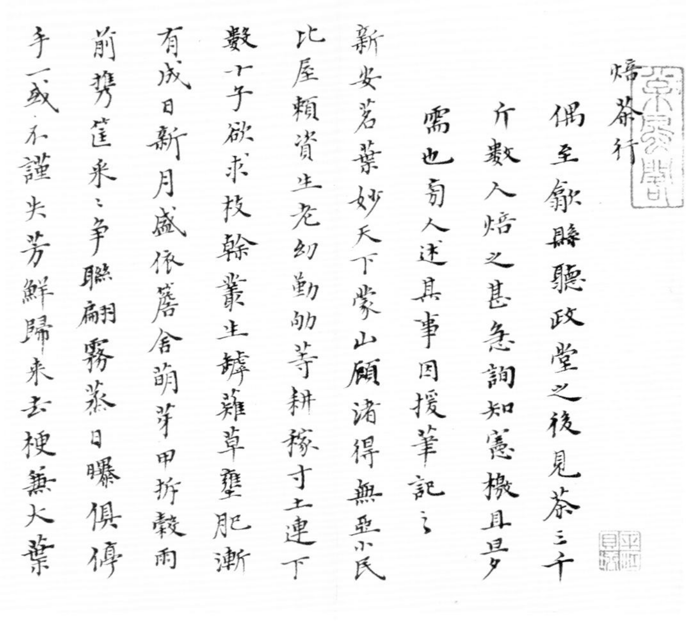

焙茶行

偶至欽聽政堂之後見茶三千
斤數入焙之甚急詢知憲檄具夕
需也亟人迷具事因援筆記之

新安茗葉妙天下蒙山顧渚得無亞小民
比屋頼資生尤仰勤勤芳耕穫寸土連下
數十子欲求枝輪叢生蒴草壅肥漸
有成日新月盛依䕶含萌芽甲折穀雨
前勢筐来争聯翩霧蒸日曝俱停
手一或不謹失芳鮮歸来去梗無大葉

清　沈楫
楷书焙茶行页（局部二）
故宫博物院藏

借用与创造。

至今仍很难让人明白的是，何以规则规范被日本人看得如此的重要而根本。对日本民族来说，为要达到"道"，不经过一定的规则与方式是不可思议的，这正是日本茶道中，严格而详尽的行茶方式与礼仪规范的来源。

在汉民族的各门艺术与工艺传统中，并不是不讲规则规律，而是认为规则规律是从经验与修养中，与"道"作辩证性与创造性地成长出来；它可能因人而异，因时而异，因地而异，它的"典范"意义远大于"规范"意义。所以茶文化在汉民族的历史长河中是不断在多彩多姿地变化，其主流制茶法与品茶艺术每几百年就一变；而在主流之外，无人能搞清楚还有多少其他的制茶与饮茶方式存在。

茶文化在台湾的复苏

茶文化在中国源自远古，兴于唐而盛于宋，到晚明又达到另一高潮，一直延续到清朝。近百余年来，由于西方民族与西方文化的兴起，东西民族误解多于了解的交往，残酷多于善意的对待（如鸦片战争），加上中国大地上发生天翻地覆的变化，大战乱与破坏不断，茶文化也随着各种传统文化一样走向衰落。直到十五、二十年前，品茶风尚才再度奇迹似的在台湾岛上复苏过来。

　　台湾人民渡过了 20 世纪五六十年代以中小企业为主的劳力密集加工业的辛苦而焦虑的阶段，在这个阶段中，台湾都市里充满了美式庸俗文化：酒吧、咖啡厅、美国商人、大兵（由于 20 世纪 50 年代的韩战及 60 年代的越战相继爆发，大量美军驻守台湾或来台度假）、妓女……美式流行歌曲、美国娱乐电影、电视笑剧……处处充满了美式洋味，如果您这时走在台北街头，大概不会找到一家像样的茶馆——除了一种供都市中孤独的老年人排排坐看电视的狭小而没落的茶室以外。

　　20 世纪 70 年代后期，台湾在文学上发生了回归乡土运动。品茶风尚也在 20 世纪 70 年代末、80 年代初，以惊人的速度在都市中以茶艺馆的出现及主导，再度流行起来，并将品茶艺术及相关茶文化推向一个新的高点。自 20 世纪 90 年代起，这个风潮也影响了中国大陆茶文化的复苏。我们可以预见，一个人类历史上更壮阔的茶文化波涛，即将在今后几十年间席卷东亚大地，并向全世界投射出新的魅力；并凭着茶的媒介，将中国传统中深厚而优美的自然哲学、美学与丰富的文化内涵与文明方式献给与我们一同喝茶的人们！（周渝）

"茶斋"青田石章

中国人特有的茶事观念

　　中国人是以感性见长的民族，对于茶，中国古人尤其是古代文人有着永无休止的兴味，历久长新，永不厌倦。茶的独有滋味，令文士们代代为之欣喜，每当品到新茶，都以"试"的态度，也就是以实验性的态度，以期获得更加美妙的滋味，所以历代试茶诗多不胜数。

　　也可以说，中国古代文人对于滋味的讲求，是世界上少有的。他们永远在尝试、比较各个产地的茶品，不停地发现更香、更美妙的新茶。明代尤其是明晚期文士在这方面付出了很多努力。

　　明人冯梦祯在《快雪堂漫录》中品评当时名茶，首推虎丘。"点之色白如玉，而作寒豆香。宋人呼为白雪茶，稍绿便为天池物。天池茶中虽数茎虎丘，则香味迥别。"将虎丘视为茶中王，其他只能是后妃、臣民。"虎丘，其茶中王种耶！岕茶精者，庶几妃后，天池、龙井便为臣种，余则民矣。"

　　明代文学、书画家李日华在《紫桃轩杂缀》中也品评了几种名茶："天目清而不醰，苦而不螫，正堪与淄流漱涤。""松萝极精者方堪入贡，亦浓辣有余，甘芳不足。""罗山庙后岕精者，亦芬芳回甘，但嫌稍浓，乏云露清空之韵，以兄虎丘则有余，父龙井则不足。"李日华以自己的口味品鉴当时的名茶，得出上述点评意见。比较而言他对庙后岕茶打分最高，其次是虎丘、龙井。虎丘茶被明晚期文士公认是当世第一，但李日华并不以为然，对虎丘的无色作出了负面的评议。他在《六研斋笔记》中写道："虎丘以有芳无色，擅茗事之品。顾其馥郁不胜兰，止与新剥豆花同调，鼻之消受亦无几何，至入于口，淡于勺水。"然后李日华用带有讥讽的语调说，像这种淡若无味的水哪里找不到？何至于发生官府逼迫、僧人交不出茶来挨打的事？"清冷之渊何地不有？乃烦有司章程，作僧流捶楚哉？"李日华将虎丘茶相比龙井、松萝，"排虎丘茗，为有小芳而乏深味，不足以傲睨松萝、龙井上"。

明学者谢肇淛在《西吴枝乘》中也以自己的口味评点当时名茶：

> 湖人于茗，不数顾渚而数罗岕，然顾渚之佳者，其风味已远出龙井下。岕稍清隽，然叶粗而作草气。丁长孺尝以半角见饷，且教余烹煎之法。迫试之，殊类羊公鹤，此余有解有未解也。余尝品茗，以武夷、虎丘第一，淡而远也；松萝、龙井次之，香而艳也；天池又次之，常而不厌也。余子琐琐，勿置齿喙。

谢肇淛的品味与李日华有不小差异。

明末张大复在《雁闻斋笔谈》中也来以滋味说茶，夹带着文人的意气：

> 松萝茶有性而无韵，正不堪与天池作奴，况岕山之良者哉。

但初泼时，嗅之勃勃有香气耳，但茶之佳处，故不在香，故曰虎丘作豆气，天池作花气，岕山似金石气，又似无气。嗟呼，此岕之所以为妙也。

袁宏道也以名士气十足的口吻论茶的滋味高下：

余谓龙井亦佳，但茶少则水气不尽，茶多则涩味尽出。天池殊不耳。大约龙井头茶虽香，尚作草气，天池作豆气，虎丘作花气，唯岕非花非木，稍类金石气，又若无气，所以可贵。
……近日徽有送松萝茶者，味在龙井之上，天池之下。

明末闵汶水茶兴盛一时，有些品茶上瘾的士人在新茶上市时，不辞辛苦专程到闵汶水的茶馆品尝，为此还在附近住上一段时间。一位叫陈汝衡的士人，每年借住在一所寺庙里，累月流连，为的是离闵汶水家的茶馆近，从早到晚啜茗，辄移日忘归。赞闵茶："大抵其色则积雪，其香则幽兰，其味则味外之味，时与二三韵士品题闵氏之茶，其松萝之禅乎？淡远如岕，沉着如六安，醇厚如北源朗园，无得傲之，虽百碗而不厌者也。"

明代这种追求茶之真味的风气也影响到清代。历史进入清代，中国人特别是中国文士对于茶的开发、品味才到了一个真知的境地，茶的真色、真香、真味都得到真见。关于茶的真色，明代以前，都不认为绿是最正之色。唐代崇尚紫笋，宋代推崇白芽，这就是"见山不是山，见水不是水"，明代茶人渐渐感觉山还是山，水还是水，到了清代，山就是山，水就是水，茶以碧绿为正色。宋人所称道的"调膏初喜玉成泥，溅沫共惊银作线"（宋代杨无咎《玉楼春·茶》）到了清代士大夫这里皆不知何物，不再继续咏唱"玉"、"雪"、"云"了，茶之色不再以偏离原绿色为美。

　　说到茶的颜色，宋代以白为正宗，不容置疑，但事实上白茶难求，绿色则很常见，但就是不认可绿色。宋人胡舜陟在《三山老人语录》中，举五代时人郑邀的茶诗"唯忧碧粉散，尝见绿花生"以及当朝范仲淹的茶诗"黄金碾畔绿尘飞，碧玉瓯中翠涛起"，很不理解，怪道："茶色以白为贵，二公皆以碧绿言之，何邪？"宋代学究王观国在《学林》中也说到这个问题，要替他们改诗，此前沈括改范仲淹的那两句，"宜改绿为玉，改翠为素"，王观国表示赞同。早在唐代白居易就写过"渴尝一盏绿昌明"的诗句，放在宋人眼里这就是败句。

　　到了明代，能泡出恰到好处的绿色茶汤就大获赞赏，最初能泡出绿色茶汤的人就是高手，是凤毛麟角的人物。明代黄端伯在诗中写道："三家村里一茶斐，手泻琼浆碧于酒。须央引满肌骨寒，坐客惊呼未曾有。"茶只有用低于一百度的水冲泡才能呈现它本来的绿色，宋代即使可以做到只煎水不煎茶，但

红茶茶汤

红茶

白茶茶汤

白茶饼

绿茶茶汤

绿茶原叶

由于以白为尚，绿茶汤也被视为次等。明代冲泡原叶茶，返璞归真，也确认茶的真色。"绿染龙波上，香塞谷雨前。"清代茶色为碧绿是当然之事。诗人们的咏茶诗除了仿古之作故意用古句如"团饼"、"雪乳"之外，平常都是"渴思绿泛吴兴芽"、"凭将绿雪分明试"、"幽绿一壶寒"、"青光浅浅浮"、"烹来常似君山色"、"勃勃云堆碗面碧"、"不闻龙井一旗绿如玉"。清代士人对茶的色、香、味获得了完全足够的认识。清人郑光祖在《一斑录杂述》卷四中言："茶贵新鲜，则色、香、味俱备；色贵绿，香贵清，味贵涩而甘。"

清代文士对于茶的鉴赏角度与明代别无二致，清代文士与茶人对于茶叶新品、更新的饮法、更香的滋味有着永不衰减的兴趣。

清人郑辰在《四明志征》中引先太史寒村公《撩舍采茶诗》："手制香若冠一方，龙潭翠与白岩香。犹疑路远芳鲜减，隙舍山中自采尝。"整个清代，文士咏茶诗，关于茶与清修、禅意、茶与灵性的话题比唐代要少，但是关于茶的滋味主旨却被高擎，比如汪士慎《武夷三味》赞武夷茶："初尝香味烈，再啜有余清。"袁枚《试茶》诗写初尝武夷茶："我震其名愈加意，细咽欲寻味外味。杯中已竭香未消，舌上徐停甘果至。……卢仝七碗笼头吃，不是茶中解事人。"施闰章《岕茶歌》："贱耳归求鼻舌心"，"其甘隽永香蕴藉，非兰非乳鲜知音。"丁敬《论茶六绝句》："堪

普洱茶汤

普洱茶饼

武夷茶茶汤

武夷茶

嗟吸鼻夸奇味。"为了求味之美，士人请教茶僧，僧人以经验告之，清人俞显在《桐叶偶书》中记述："余闻茶僧言，采于春者为春荈，采于秋者为秋荈。烹之作兰花香者最佳，作豌豆花香者次之，作蚕豆花香者又次之。"

滋味之求也令清代文人自嘲，吴嘉纪在《松萝茶歌》中写出"今人吟茶只吟味"的感叹。

于是清代碧螺春以"吓煞人香"夺取名茶地位，清代武夷茶以滋味之胜成为茶界新宠，其中最香、最美的茶称为"不知春"，仅有一株，在武夷天佑岩下。每年广东洋商以定金预订下来，到三四月间专门雇人看守。附近寺院僧人仅能乞得一二两，自己不舍得饮用，赠与富商大贾，以求檀施。这棵奇树上的奇茶，大致外形与粟米相类，据称"色香俱绝，非他茶所能方驾"。

从茶事进入盛境的宋代开始，文人们对于茶品的鉴赏与挑剔就从未停止过，经常处于发现茶叶新品的兴奋中，不断有新茶胜出旧茶，新宠压倒旧宠。宋代建安龙团位居高品后，阳羡和顾渚茶就相对逊色了，比如丁谓诗赞北苑茶时，揶揄唐代贡茶："顾渚惭技术，宜都愧积薪。"唐以前公认为天下第一的蒙顶茶在宋代文人眼里，也为建溪茶作了陪衬，冯山有诗曰："蒙顶纵甘余草气，月团虽有隔年陈。吟魂半去难招些，愿得兰溪数片新。"即使同为建安贡茶，也分为普通茶和极品茶。极品

茗壶芥茶系序

吾鄉尚宜興芥茶尤尚宜興瓷壺陳貞慧秋圜雜佩言
之而不詳嘗檢宜興志考其緣始所載芥茶甚略而論
瓷壺則多引江陰周高起陽羨茗壺系及檢江陰新志
周高起傳僅言其有讀書志而未及其他甲申在羊城
書肆獲茗壺系鈔本一冊今年春汪君芙生寄示粵刻
叢書中有茗壺系後附洞山芥茶系一卷亦高起所撰
惟粵板及前得鈔本均多訛舛無別本可校宜興志尚

《洞山芥茶系》书影

茶称为"斗品"，斗品就可以气压普通团茶。梅尧臣诗曰："团
香已入中都府，斗品争传太傅家。"彭汝砺的朋友从北苑移种
茶树在自家园中，写诗赞咏，他也写诗奉和，以贬抑唐代贡茶
来衬托宋代北苑茶的品种之高："紫笋时名误，乌程旧种卑。"
周必大收到友人寄来的七宝茶，非常喜欢，一高兴便将以往喜
欢的茶品贬了下去："压倒柳州甘露饮，洗空梅老白膏芽。"宋
代文人渐渐从龙凤团茶的迷醉中清醒后，发现了草茶其实保存
了更多的茶叶原味，虽然不敢轻易贬低龙凤团茶，但在草茶里，

也要斗出高下以畅怀。日铸茶是当时的草茶，即原叶茶，范仲淹一次汲清泉试茶，分别品饮建溪团茶、日铸茶及卧龙、云门之品，结论是日铸茶最美："甘液华滋，悦人灵襟"，称其为江南第一。南宋大诗人陆游走到哪里都随身带着两种最得意的茶，一是其家乡的日铸茶，一是顾渚茶，日铸茶贮以瓷瓶，顾渚茶裹以红蓝缭囊。他偏爱家乡日铸茶，诗中写道："只应碧告苍鹰爪，可压红囊白雪芽。"双井茶也是原叶茶，后来居上，与日铸茶争夺草茶精英，一度夺了日铸茶的宠，南宋文学家杨万里一次用六一泉煮双井茶，大感清新，作诗直言："日铸建溪当退舍。"

　　到明代，虎丘、松萝、岕茶先后各领风骚，清代文人在岕茶里面也要分出高下，比如洞顶与庙后本是不相上下的，但有些认真的人就要分出差异。清诗人朱昆田诗中写道："昨者吴兴翁，箬叶裹岕若。云此品剧佳，采自庙后岭。其气郁于兰，直压洞山顶。"岕茶是传自明末的茶品，清代武夷茶渐渐被人看好，成为茶界新贵。诗人宫鸿历诗中带有感叹的口气写道："中朝又说武夷好，阳羡棋盘贱如草。"武夷茶中，郑宅茶后来得到上自皇帝下至嗜茶平民的交口称赏，成为新星。大臣叶观国某年端午节得到皇帝赏赐的郑宅茶，兴奋地写道："嫩芽来郑宅，精品冠闽溪。便觉曾坑（也是闽茶品种之一）俗，应令顾渚低。"可见在中国茶事发展历程中，一贯守旧的中国文士丝毫不守旧，

明　陈继儒　金笺行书五律诗扇面
故宫博物院藏

　　大家都以爱茶的性情中人自居，以茶道通人自命，为了迎接新品，不惜抛弃旧爱，无顾忌，无造作，目的是为了追求茶的更真、更灵的滋味。

　　所以，嗜茶的文人雅士非常关心茶叶的制作，要尽其所能使茶香宜人。明人朱升写了一首《茗理》诗："一抑重教又一扬，能从草质发花香。神奇共诧天工妙，易简无令物性伤。"诗前写了一段序，是他对茗理的解释："茗之大家闺秀，草气者，茗之气质之性也。茗之带花香者，茗之天理之性也。抑之则实，实则热，热则柔，柔则草气渐除。然恐花香因而太泄也，于是复扬之。迭抑迭扬，草气消融，花香氤氲，茗之气质变化，天理浑然而时也。"

　　中国人从茶叶的奇香中所得到的享受，也是世界上少有的。

　　中国人，尤其中国文人，之所以喜爱茶的真香真味，不能仅从口腹之欲而论。茶，是植物带给人的所有味道中，最接近灵性的一种滋味。清人陈曾寿赞龙井茶诗中称："咽服清虚三洗髓，神虑、胶胶无由浑。"俞樾诗中赞云雾茶："人间烟火所不到，云喷雾泄皆神功。"文人对于茶的感情是对大自然的欢喜和敬意，明代文人高濂在《四时幽赏录》中说："每春当高卧山中，沉酣新茗一月。""两山种茶颇蕃，仲冬花发，若月笼万树。每每入山，寻茶胜处，对花默其色笑。忽生一种幽香，深可人意。"这是与自然幽意的一种默契。

　　中国古代文士、僧道与茶的奇缘，也深入而牢固地蕴涵在茶的芳香里。在西方，英国人是最懂得饮茶的民族，他们也称茶是健康之液、灵魂之饮。

　　"茶道"，在中国语言文化里不是一个常用词，但这个词产生得很早。唐人封演的《封氏见闻记》记载了关于茶的兴起，言："又因鸿渐之论，广润色之，于是茶道大行。"显然，"茶道"一词在这里的意思是饮茶之道。唐代诗僧皎然在《饮茶歌诮崔石使君》的最后一句写道："孰知茶道全尔真,惟有丹丘得如此。"皎然的茶道，含有饮茶可以得道的意思。唐代刘贞亮在《饮茶十德》中把饮茶与得道也联系在一起："以茶可行道，以茶可雅志。"唐代以后，中国文士并没有在"茶道"这一词上有什么讨论,而且这个词出现得也不多。明代陈继儒的《白石樵真稿》提到"茶道"一词,则完全是指茶的制作之法:"第蒸、采、烹、洗,悉与古法不同,而喃喃者犹持陆鸿渐之经、蔡君漠之录而祖之,以为茶道在是。"所以中国古代"茶道"是个多义词,与日本"茶道"不完全对应。

在中国,哲学意义上的"道"是一个非常重、非常深的词,在中国文化里,恐怕没有比"道"更大的词了。"道"适用在宏观的、抽象的事物上,中国人对于自己发明的任何一项文明成果,都不敢轻易将其名称加在"道"的前面,例如中国书法,有多少人视它高于自己的生命,但却从未出现"书道"一词。相反,日本连插花都有花道。可见两个民族对于"道"这个词的理解是不完全相同的。

一提到日本茶道,中国人感觉就很复杂,因为茶是从中国传过去的,而且日本的茶道最初也是取自中国南宋径山寺院的饮茶仪式。

日本从 7 世纪就开始接触中国的茶叶,通过遣唐使带回中国的饮茶习俗,但只是在皇帝、僧侣、贵族之间流行,没有形成多大社会影响。到 12 世纪末,日本才正式开始普及茶文化,正值中国南宋时期,具体说是 1191 年,僧人荣西从中国南宋朝廷得到茶子,带回日本种植。荣西是日本临济宗的创始人,他还在中国学到了茶的加工方法,也就是碾茶为末的工艺。日本最正规的茶，一直延续的是宋代的末茶，他们称为"抹茶"。荣西也是日本茶书的第一位作者，他于13世纪初（即1211年）写成了《吃茶养生记》。

南宋定都临安，即今杭州，南宋末期日本僧人在南宋京师附近的余杭县径山寺学习佛学，同时学习了该寺院的茶寮饮茶礼仪，又带去了天目山茶盏，以此开启日本茶道。但正式的日本茶道是在丰臣秀吉时代（1536—1598年）由高僧千利休（1522—1592年）确立，并以"和、敬、清、寂"为茶道四规。延续到今天，已经形成了茶道文化。当代日本学者久松真一认为：茶道文化是以吃茶为契机的综合文

利休居士像

日式铁壶

化体系，它具有综合性、统一性、包容性。其中有艺术、道德、哲学、宗教以及文化的各个方面，其内核是禅。

　　日本茶道与花道、武士的剑道并称，它也有比较深的内涵，简单说是一种品茶的礼仪，译成英文是"tea ceremony"，它是一种在存敬的思想下，借助规范的饮茶模式，达到"和、静、清、寂"的境界。日本茶道要在专门的茶室举行，茶室有大小两种，小茶室为正宗，一般用竹木和芦草编成，面积一般以置放四叠半"榻榻米"为度，约九平方米到十平方米，相当狭小、古朴。这样的设计有他的道理，日本有一句话："狭小的空间才是尊贵的空间。"茶道所用的物品都置放在这间小屋，人们静心烹茶品茗，在寂静中忘却尘俗千虑，让心神化入禅境。日本茶道的特点：室内的、古朴的、动作行为规范的、神态恭敬的、和缓的、严肃的、专注的，是一种修炼的状态。茶道试图通过烹茶、品茶，反观内心，洗涤尘垢，净化心灵，进入一种空灵寂静的世界，了悟禅意。

　　日本的茶道有细密而烦琐的规程，茶道的进行过程禅宗色彩很浓，在程序上极为缓慢，很有坐禅的意味。

　　但在中国却没有一套与日本茶道相对应的中国茶道，让人遗憾。于是当代很多茶界人士和关心茶事者想自我作古，提出

清　宜兴窑炉钧釉茶壶
故宫博物院藏

明人设色煮茶图轴
故宫博物院藏

要建立中国式茶道，其模式也是借鉴日本，连日本茶盖的主题"和、静、清、寂"也拿来作参照，提出中国的四字主题，比如有人提议用"廉、美、和、敬"四字，有人用"理、敬、清、融"四字，有人用"和、俭、静、洁"四字，有人用"美、健、性、伦"四字，有人用"正、静、清、圆"四字，有人用"清、静、和、美"四字……无休无止，近几十年中国茶界人士都在关注这个问题，但中国的仿日式茶道还是停留在纸上。

我比较赞同台湾学者吴智和《明清时代饮茶生活》一书中所论：

东瀛对于各种事物向喜以"道"称之，如"茶道"、"花道"、"书道"，下及"柔道"、"剑道"等，彼邦视此"道"似近乎一种宗教性、技艺性之虔诚，因拘泥于外在形式，使人总有役于物之憾。国人向来不轻言"道"，认为那是一种至为崇高的义理。茶是饭后余事，谓之"艺术"犹可，若谓之"道"则远矣。

中国历代茶书对于茶的种植、采收、焙制讲得很多，其次才是怎样去烹制，而怎样去饮讲得不是很多。在中国历代茶书中，通常以"茶法"、"茗理"来指称茶树的种植、茶叶的采摘、焙制等程序。日本的茶道是以饮茶仪式为媒介的一种修行，是身心合一的、精神高度凝聚的、以品茶参禅为主旨的行为艺术。

中国人不是不修行，也不是不参禅，但不像日本人那样修行参禅。中国的哲学是"道可道，非常道"。玄之又玄，无一定之规，无外在形式，有了形式就"拘"了。

中国古代文人最崇尚散淡，最怕"拘"，"拘"只有在宫廷里，面对皇帝的时候不得不拘，出得宫门，那就是自在人，尤其在山水之间，更要效法自然，随意自在，无拘无束。在这种思想指导下，中国至少在士大夫阶层是不可能产生日本式的"茶道"。中国文人品茶，不设牢不可破的规则和程序，但它极其讲究，讲究一种极雅致、出尘脱俗的感觉。假设有某种程式，一旦普及，人人如此，那就俗了。中国文人极细腻敏感，也极洒脱自然，极看不起形而下的、格式化的东西，锐意追求不一般的境界。

中国人讲究个性，随意，适意，就像山水造化，随兴自如，无一定之规；而日本人讲究用动作表达对茶的敬意，一举一动都不能随意，定要遵循礼仪的安排，人如偶人。当然，不论是品茶者，还是旁观者，对这种仪式化的饮茶皆能感觉到一种虔敬、谦恭的气氛。

中国文人也讲敬，饮茶的人要配得上高贵的茶，要充满敬意；茶不能与其他腥秽物杂处，人也先要洁净身心，"人必心清妙始省"，才能不至于玷污了茶。在这种前提下，独自在自家茶寮或与二三志同道合之人，在山间林下溪边、岩石旁、竹庐下，伴以松风，品茶论道，这就是中国文人的品茶之道。

中国人讲虔敬，更讲灵性，这一点是日本茶道所无的。正是因为讲灵性，中国没有产生日本式的茶道。

中国古代文人品茶，是无法形诸规范动作的。品茶的最高境界是一种忘我的状态，这时候，谁还记得住烹茶、品茶的动作、程式？尤其是深夜独自品茶，人是幽人，茶因为它独有的真香，可以与幽人为伍。幽人独饮的时候，能够极其安静地、慢慢参悟茶之内、茶之外的真味，特别是风萧雨晦、人静夜凉之际，茶烟轻扬，古鼎焚香，诗人学士以茶为引导，神游太古，清思无极，这种感受无法用言语道来。（王镜轮）

五蕴茶谈

陆羽说茶有九难：一曰造，二曰别，三曰器，四曰火，五曰水，六曰炙，七曰末，八曰煮，九曰饮。其意是，天生万物，都有它们最精妙之处，而人们往往所擅长的都是那些浅显易做的。穿衣住房，都可以做得很精美，可茶要做到精致，必须从制造、识别、器具、用火、择水、烹煮、品饮等环节逐一把关，而这些都是很难控制的。

今天，我们饮茶与古人大相径庭，在意境上的追求更是相差甚远。丛林迁于斗室，泉水难觅其踪，"唐煮宋点"之道更于冲泡，炭火换成电炉，器物流于粗鄙。陆羽所述的精致，却是难得见到了。

在这样一个尘嚣躁乱的时代，若有片刻，回归古人意境，以茶养性，将多么难得珍贵。

为此，我们试图探古为今。

茶有五要：茶、水、境、器、法。法即所有制茶、淳化与冲泡的方法。得道之人会告诉你，所有有为法皆在术的层面。将术升为道，才是最终觉知到茶与人、茶与禅的境界。正如老子说："道可道非常道。"所有能说出来的道理都不是好道理。只有不断与茶对话，才能或许顿悟。

陆羽说茶人一定是精行俭德之人。将"茶"字拆开，正是人生于草木之间。在今天，可谓茶人者，一定是心平气顺，寄情山水，淡泊名利，以茶养心，知茶性，研茶道，外清肌骨，

清　银锤花花鸟图茶杯
故宫博物院藏

清　银錾花茶盘碗
故宫博物院藏

内通仙灵者。

既然法不可谈，我们则谈其余四要。

第一谈茶。茶有万状，什么是好茶？陆羽说：上者生烂石，中者生砾壤，下者生黄土。看来，无论加工方法的好坏，看茶的品质先看它生长的环境。先天优良的生长环境是茶叶品质的关键。看茶最好能亲临产地，高山之上优于低平之地；山中云雾缭绕，植物群落完整，茶树间于其中，腐殖土予肥，树龄较长，最好！如不能亲临，也可品饮断（即评判）茶。断茶先断香气。香气分水外香、香入水、水含香、水升香、水即香和水无香六个次第。香与水充分融合，气化成一团，当为好茶。再断口感。口感先有滋味再有回味。第一种感触：如"落潮扑礁石"，喝完即嘴里再无回味，干干净净；第二种感触：如"日照残雪"，滋味在舌面慢慢散开了；第三种感触：如"飞雪扑面"，舌面出现均匀的触觉感；第四种感触：如"泥沙洗路"，舌面有颗粒感；第五种感触：如"湿衣敷身"，舌面有被滋味趴在上面的感觉。这五种感触因人喜好而趋己好。如普洱茶，老茶人最喜好的口感是：沉、沙、化、滑、利、绵、活。除了茶入口的感觉之外，更要看茶气对身体的影响。茶气强的，可使人感觉其渗透力、流走力、化融力、疏通力与弥散力。

第二谈水。山泉水为上，江湖水为次，井水为下。古人即使于山中取水，也要选甘美的泉水，而那些缓缓流动的积水或激流的水都是不取的。煮水看水沸，水泡如蟹眼，可以泡高香的嫩茶；水泡如鱼眼，此谓一沸，可做耐泡茶的洗茶之用；如边缘四周水泡连珠般涌动，谓二沸，可做耐泡茶的接连冲泡。如果水沸如浪，再煮则水就不可用了。

第三谈境。境即喝茶的空间布置。一个茶人会用心地营造喝茶的空间。这个空间体现了主人对茶的理解和他的精神诉求。在唐代，出现了早期的茶宴。有"大历十才子"之称的钱起曾写有关茶宴的诗《与赵莒茶宴》："竹下忘言对紫茶，全胜羽客醉流霞。尘心洗尽兴难尽，一树蝉声片影斜。"写作者与赵莒在翠竹之下举行茶宴，一道饮紫笋茶，并一致认为茶的味道比流霞仙酒还好。饮过之后，已浑然忘我，自我感觉脱离尘世，红尘杂念全无，一心清静了无痕。俗念虽全消，茶兴却更浓，直到夕阳西下才尽兴而散。诗里描绘的是一幅雅境啜茗图，除了令人神往的竹林外，诗人还以蝉为意象，蝉与竹一样是古人用以象征峻洁高志的意象之一，蝉与竹、松等自然之物构成的自然意境是许多文人穷其一生追求的目标，人们试图在自然山水的幽静清雅中拂去心灵的尘土，舍弃一切尘世的浮华，与清风明月、浮云流水、静野幽林相伴，求得心灵的净化与升华。

唐吕温《三月三日茶宴序》写道："上巳祓饮之日也。诸子议以茶酌而代焉。乃拨花砌，憩庭阴，清风逐人，日色留兴。卧指青霭，坐攀香枝。闻莺近席而未飞，红蕊拂衣而不散。乃命酌香沫，浮素杯，殷凝琥珀之色，不令人醉。微觉清思，虽五云仙浆，无复加也。"在花香撩人，庭下花坛和清风拂面环境下参加茶宴和歇息，红日助兴，花草清荫，杨柳依依，一派天人合一的情调，那种神醉情驰、风韵无比的野趣还体现在有人"卧指青霭"，有人"坐攀香枝"，各种散漫姿态都毫无拘束地释放出来，而近在咫尺的黄莺也加入到这大好的春光之中，迟迟不肯飞去；红色花蕊洒在了人的身上，为茶宴增添了野趣，让人陶醉其中。

在今天，我们在都市里喝茶，依然可以营造一个清雅的环境，当你对古人的意趣与志之所向有越多的了解，你就越有可能将今日的茶会穿越回去。

第四谈器。茶器有许多，炉子、水壶、茶则、茶荷……而茶盏（日本人称茶碗）是茶器中品种最多、价值最高，也最为考究的。茶盏具有很高的艺术观赏价值和收藏价值。在日本，茶盏是主人的宠物，必须有自己的独名独姓，并且用小木盒小心地保存。日本古时的高僧从中国的天目山带回了宋朝的一些茶盏回国后，使日本茶道界为之惊羡，奉为国宝。在日本茶道界，茶人对茶盏的爱令人惊叹。一个好的茶碗往往成为茶人的终身伴侣或传家宝。佐佐木三味先生写道："看上去只是一只茶碗，一块陶片，但是，一次两次，五次十次，你用它喝茶，渐渐你就会对它产生爱慕之情。你对它的爱慕越深，就越能更多地发

耀州窑斗笠盏

现它优良的天姿，美妙的神态。就这样，三年、五年、十年，你一直用它喝茶的话，不仅对于茶碗外表的形状、颜色了如指掌，甚至会听到隐藏在茶碗深处的茶碗之灵魂的窃窃私语。"

每一次，我们在见到茶盏的刹那，会被每一个以前未曾遇到的独特所吸引住。一种苦苦寻觅之后的偶遇，令我们激动，难以平复。随后，将它小心地捧在手中，一点点地，仔细地端详它。同时，你的手指与它在亲密地接触，这种接触传递给你更多感知。这时，你恍若穿越回诞生它的那一刻，那个工匠专注的眼神与他细密的心思。它从一千年前辗转前来，躲过一次次可能的破碎，与你相遇。

在两宋时期空前浓厚的饮茶氛围中，茶艺也达到了前所未有的水平，人们不仅要喝茶还要斗茶。斗茶是流行于社会上层的品茗游戏。文人雅士把饮茶品茗之道作为修身养性、自身清高的雅事，与琴棋书画等艺术并列，成为宋代的生活时尚。宋徽宗所作《大观茶论》中说："天下之士，励志清白，竞为闲暇修索之玩，莫不碎玉锵金，啜英咀华，较箧笥之精，争鉴裁之妙，虽否士于此时，不以蓄茶为羞，可谓盛世之清尚也。"说的就是文人们斗茶的情景。民间斗茶也称"茗战"，最早由贡茶之地——建安兴起。建安北苑诸山，官私茶焙之数达一千三百三十六，制茶者造出茶来，自然要比较高下，于是相聚品评。饮茶既为朝廷提倡，全国产量又大为增加，斗茶便从制茶者间走入卖茶者当中。宋人刘松年的《茗园赌市图》描绘的市井斗茶中，有老人、有妇女、有儿童，也有挑夫贩夫。斗茶者携有全套的器具，一边品尝一边夸耀自己的茶品。文人们也在书斋里、亭园中以茶较量，最后终于皇帝也加入斗茶行列，宋徽宗赵佶亲自与群臣斗茶，把大家都斗败了才痛快。

建窑、吉州窑的黑釉盏正是顺应这一时代风气而出现的斗茶专用茶具，窑工们为了满足文人审美的需要，不断创烧新品种，以便人们在斗茶的同时，能够赏盏。品鉴瓷器成为了文人的新风尚。

"白者观汤色，黑者观沫痕。"在今天，这些当时的茶盏又称为茶席上的珍品与亮点。在收藏过程中，我们看到从北到南，自唐至宋元的风格各异的茶盏，它们已经不是简单意义的古物，而是具有灵性与人文精神的活物。我们试着体会，概括为"茶盏之五韵"：凝、拙、润、幻、清。

凝为凝练，是色的凝练。有黑如漆般的凝练，也有绿如翠般的凝练。

拙为拙朴，是形态的拙朴。拙而有力，朴实无华。

润为油润，是釉光的油润。温润如玉，宝光莹莹。

幻为梦幻，是窑变的梦幻。如丝如电，幻化万千。

清为清雅，是线条的清雅。简约秀美，挺拔俊朗。

（宋钢）

图书在版编目（CIP）数据

茶事未了/程子衿主编. –北京 :故宫出版社, 2016.8
（2021.1重印）
（紫禁城悦读）
ISBN 978-7-5134-0886-8

Ⅰ.①茶… Ⅱ.①程… Ⅲ.①宫廷－茶文化－介绍－
古代 Ⅳ.①TS971.21

中国版本图书馆CIP数据核字（2016）第180079号

紫禁城悦读 · 茶事未了
程子衿◎主编

出 版 人：王亚民
责任编辑：艾珊歌　伍容萱
装帧设计：王　梓　梅　子
出版发行：故宫出版社
　　　　　地址：北京市东城区景山前街4号　邮编：100009
　　　　　电话：010-85007800　010-85007817
　　　　　邮箱：ggcb@culturefc.cn
印　　刷：北京启航东方印刷有限公司
开　　本：787毫米×1092毫米　1/36
字　　数：110千字
印　　张：5
版　　次：2016年8月第1版
　　　　　2021年1月第3次印刷
印　　数：11001～15000册
书　　号：ISBN 978-7-5134-0886-8
定　　价：36.00元